BIM 应用系列教程

建筑工程BIM
造价应用（山东版）

朱溢镕　　石　芳　　吴新华　　主编

化学工业出版社
·北京·

内 容 简 介

本书以实际项目为载体，以土建造价员工程量计量和造价编制工作过程为实施主线，将理论知识点和广联达系列软件操作方法融入到任务实施中，讲练结合，突出学生主体地位，模拟真实工作场景，让学生在实践过程中，在教师的指导下，掌握建筑信息化背景下土建造价员职业要求的知识和技能，完成素质和能力的培养。

本书以《房屋建筑与装饰工程工程量计算规范》（GB 50854—2013）、《建设工程工程量清单计价规范》（GB 50500—2013）和《山东省建筑工程消耗量定额》（2016版）为依据进行案例编制。

本书可作为中职、高职及应用型本科工程造价、建筑工程技术、建设工程管理及相关专业学生的教材，亦可作为工程造价、施工管理人员的岗位培训教材，还可作为建筑类相关专业工程技术人员的参考用书。

图书在版编目（CIP）数据

建筑工程BIM造价应用：山东版/朱溢镕，石芳，
吴新华主编. —北京：化学工业出版社，2022.7
ISBN 978-7-122-41196-9

Ⅰ. ①建… Ⅱ. ①朱… ②石… ③吴… Ⅲ. ①建筑造
价管理-应用软件-教材 Ⅳ.①TU723.3-39

中国版本图书馆CIP数据核字（2022）第059579号

责任编辑：邢启壮　吕佳丽　　　　　　装帧设计：王晓宇
责任校对：宋　玮

出版发行：化学工业出版社（北京市东城区青年湖南街13号　邮政编码100011）
印　　装：三河市延风印装有限公司
787mm×1092mm　1/16　印张17　字数420千字　2022年7月北京第1版第1次印刷

购书咨询：010-64518888　　　　　　售后服务：010-64518899
网　　址：http://www.cip.com.cn
凡购买本书，如有缺损质量问题，本社销售中心负责调换。

定　　价：49.80元　　　　　　　　　　　　　　　版权所有　违者必究

编写人员名单

主　编　朱溢镕　广联达数字高校 BU

　　　　石　芳　临沂职业学院

　　　　吴新华　山东科技大学

副主编　赵庆辉　山东城市建设职业学院

　　　　孙诗哲　威海职业学院

　　　　于晓娜　潍坊工程职业学院

参　编　洪　伟　山东枣庄科技学院

　　　　张广进　山东城市建设职业学院

　　　　李雅琦　山东协和学院

　　　　谢丹凤　山东理工大学

　　　　肖　霞　山东交通职业技术学院

　　　　王　娟　烟台职业技术学院

　　　　朱溢楠　山东枣庄科技学院

前言

信息技术的发展不断推动建筑行业转型升级，造价行业变革同样迫在眉睫。而工程造价行业的信息化发展经历了"两次革命"，"第一次革命"从手工计算到二维 CAD 绘图计算，"第二次革命"是从二维 CAD 绘图计算到基于 BIM 技术的造价计算。随着 BIM 技术在工程造价等行业的深入应用，整个工程造价行业不断向精细化、规范化和信息化的方向迅速发展。

相较于传统工程造价业务，BIM 技术的引入是对工程造价行业的一次颠覆性革命。基于 BIM 技术的造价管控使得烦琐耗时的工程量计算工作变得简洁、高效且大大提升算量准确性。工程造价管理重心转变为全过程精细化控制，虽然优化了工程量计算方法，但是对工程造价人员的信息化能力、管理能力和素质提出了更高的要求，这对建筑工程造价全过程管理有积极作用。

为推动 BIM 技术在造价行业迅速发展，高效培养 BIM 造价应用人才，笔者联合多方企业及教学专家一起编写本书。本书将基于 BIM 技术下的新业务模式与传统工程造价业务模式融合，满足新型造价应用人才的培养需求。本书以"教、学、做一体化，以任务驱动导向，学生实践为中心"的设计思维，深入分析建筑工程造价编制工作程序，多层次、系统化分解工程造价业务能力，通过造价理论知识贯穿，打造基于 BIM 技术和真实工作情境的一体化技能实训教程。教材采取一图一练的讲练实战模式，通过理论知识与项目化实训相结合的内容设计，有效解决课堂教学与实践环节的脱节问题，助力实现工程造价高素质技能型人才的培养目标。

"建筑工程 BIM 造价应用"核心为 BIM 建筑工程计量与计价，在此基础上拓展为 BIM 造价应用综合项目实训。本书以《房屋建筑与装饰工程工程量计算规范》（GB 50854—2013）、《建设工程工程量清单计价规范》（GB 50500—2013）和《山东省建筑工程消耗量定额》（2016 版）为依据进行案例编制。

本书为 BIM 应用系列教程中的 BIM 造价应用分册，BIM 应用系列教程由《BIM 算量一图一练》《建筑工程计量与计价》《建筑工程 BIM 造价应用》组成。该系列是围绕建筑工程案例的理论，结合实践，将手算分析与软件实操互融的理实一体化的 BIM 应用教材。本书可作为中职、高职及应用型本科工程造价、建筑工程技术、建设工程管理及相关专业学生的教材，亦可作为工程造价、施工管理人员的岗位培训教材，还可作为建筑类相关专业工程技术人员的参考用书。

本系列教材提供有配套的教材授课 PPT、案例图纸等授课资料包，读者可以登录 www.cipedu.com.cn，注册，输入书名，查询范围选课件，免费下载。

由于编者水平有限，书中难免有不足之处，恳请广大读者批评指正，以便及时修订与完善。

编者
2022 年 3 月

目 录

第1章

BIM基础应用概述

1.1 BIM 基础概述

1.1.1 BIM 的概念

在《建筑信息模型应用统一标准》（GB/T 51212—2016）中，BIM 的定义如下：建筑信息模型 [building information modeling，building information model（BIM）]，是指在建设工程及设施全生命期内，对其物理和功能特性进行数字化表达，并依此设计、施工、运营的过程和结果的总称。

BIM 技术是一种多维（三维空间、四维时间、五维成本、N 维更多应用）模型信息集成技术，可以使建设项目的所有参与方（包括政府主管部门、业主、设计、施工、监理、造价、运营管理、项目用户等）在项目从概念产生到完全拆除的整个生命周期内都能够在模型中操作信息和在信息中操作模型，从根本上改变从业人员依靠符号文字的图纸进行项目建设和运营管理的工作方式，实现在建设项目全生命周期内提高工作效率和质量以及减少错误和风险的目标。BIM 的含义总结为以下三点。

① BIM 是以三维数字技术为基础，集成了建筑工程项目各种相关信息的工程数据模型，是对工程项目设施实体与功能特性的数字化表达。

② BIM 是一个完善的信息模型，能够连接建筑项目生命期不同阶段的数据、过程和资源，是对工程对象的完整描述，提供可自动计算、查询、组合拆分的实时工程数据，可被建设项目各参与方普遍使用。

③ BIM 具有单一工程数据源，可解决分布式、异构工程数据之间的一致性和全局共享问题，支持建设项目生命期中动态的工程信息创建、管理和共享，是项目实时的共享数据平台。

1.1.2 BIM 的特点

1.1.2.1 可视化

(1) 设计可视化

设计可视化即在设计阶段建筑及构件以三维方式直观呈现出来。设计师能够运用三维思考方式有效地完成建筑设计，同时也使业主（或最终用户）真正摆脱了技术壁垒限制，随时可直接获取项目信息，大大减小了业主与设计师间的交流障碍。

BIM 工具具有多种可视化的模式，一般包括隐藏线、带边框着色和真实渲染三种模式，如图 1-1 所示。

(a) 隐藏线　　　　　　　　(b) 带边框着色　　　　　　　　(c) 真实渲染

图 1-1　BIM 可视化的三种模式图

此外，BIM 还具有漫游功能，通过创建相机路径、动画或一系列图像，向客户进行模型展示，如图 1-2 所示。

（2）施工可视化

① 施工组织可视化。即利用 BIM 工具创建建筑设备模型、周转材料模型、临时设施模型等，以模拟施工过程，确定施工方案，进行施工组织。通过创建各种模型，在电脑中进行虚拟施工，使施工组织可视化，如图 1-3 所示。

图 1-2　BIM 漫游可视化图

图 1-3　施工组织可视化图

② 复杂构造节点可视化。即利用 BIM 的可视化特性将复杂的构造节点全方位呈现，如复杂的钢筋节点、幕墙节点等。图 1-4 是复杂钢筋节点的可视化应用，传统 CAD 图纸 ［图 1-4（a）］难以表示的钢筋排布，在 BIM 中可以很好地展现 ［图 1-4（b）］，其甚至可以做成钢筋模型的动态视频，有利于施工和技术交底。

（3）设备可操作性可视化

设备可操作性可视化即利用 BIM 技术对建筑设备空间是否合理进行提前检验。某项目生活给水机房的 BIM 模型如图 1-5 所示，通过该模型可以验证设备房的操作空间是否合理，并对管道支架进行优化。通过制作工作集和设置不同施工路线，可以制作多种设备安装动画，不断调整，从中找出最佳的设备安装位置和工序。与传统的施工方法相比，该方法更直观、清晰。

(a) CAD图纸 (b) BIM展现

图 1-4 复杂构造节点可视化图

图 1-5 设备可操作性可视化图

（4）机电管线碰撞检查可视化

机电管线碰撞检查可视化即通过将各专业模型组装为一个整体 BIM 模型，从而使机电管线与建筑物的碰撞点以三维方式直观显示出来。在传统的施工方法中，对管线碰撞检查的方式主要有两种：一是把不同专业的 CAD 图纸叠在一张图上进行观察，根据施工经验和空间想象力找出碰撞点并加以修改；二是在施工的过程中边做边修改。这两种方法均费时费力，效率很低。但在 BIM 模型中，可以提前在真实的三维空间中找出碰撞点，由各专业人员在模型中调整好碰撞点或不合理处后再导出 CAD 图纸。某工程管线碰撞检查如图 1-6所示。

给水管

图 1-6 某工程管线碰撞检查

1.1.2.2 一体化

一体化指的是 BIM 技术可进行从设计到施工再到运营贯穿工程项目的全生命周期的一体化管理。BIM 的技术核心是一个由计算机三维模型所形成的数据库，不仅包含了建筑师的设计信息，而且可以容纳从设计到建成使用，甚至是使用周期终结的全过程信息。BIM 可以持续提供项目设计范围、进度以及成本信息，这些信息完整可靠并且完全协调。BIM 能在综合数字环境中保持信息不断更新并可提供访问，使建筑师、工程师、施工人员以及业主可以全面地了解项目。这些信息在建筑设计、施工和管理的过程中能使项目质量提高，收益增加。BIM 在整个建筑行业从上游到下游的各个企业间不断完善，从而实现项目全生命周期的信息化管理，最大化地实现 BIM 的一体化管理目标。

在设计阶段，BIM 使建筑、结构、给排水、空调、电气等各个专业基于同一个模型进行工作，从而使真正意义上的三维集成协同设计成为可能。将整个设计整合到一个共享的建筑信息模型中，结构与设备、设备与设备间的冲突会直观地显现出来，工程师们可在三维模型中随意查看，并能准确查看到可能存在问题的地方，并及时调整，从而极大避免了施工中的浪费。这在极大程度上促进设计施工的一体化过程。在施工阶段，BIM 可以同步提供有关建筑质量、进度以及成本的信息。利用 BIM 可以实现整个施工周期的可视化模拟与可视化管理，帮助施工人员促进建筑的量化，迅速为业主制定展示场地使用情况或更新调整情况的规划，提高文档质量，改善施工规划。最终结果就是，能将业主更多的施工资金投入到建筑，而不是行政和管理中。此外，BIM 还能在运营管理阶段提高收益和成本管理水平，为开发商销售招商和业主购房提供极大的透明度和便利。BIM 这场信息革命，对于工程建设设计施工各个环节一体化，必将产生深远的影响。这项技术已经可以清楚地表明其在协调方面的作用，还缩短设计与施工时间表，显著降低成本，提升工作场所安全和可持续的建筑项目所带来的整体利益。

1.1.2.3 参数化建模

参数化建模指的是通过参数（变量）而不是数字建立和分析模型，简单地改变模型中的参数值就能建立和分析新的模型。

BIM 的参数化设计分为两个部分：参数化图元和参数化修改引擎。参数化图元指的是 BIM 中的图元是以构件的形式出现。这些构件之间的不同，是通过参数的调整反映出来的，参数保存了图元作为数字化建筑构件的所有信息。参数化修改引擎指的是参数更改技术使用户对建筑设计或文档部分作的任何改动，都可以自动地在其他相关联的部分反映出来。在参数化设计系统中，设计人员根据工程关系和几何关系来指定设计要求。参数化设计的本质是在可变参数的作用下，系统能够自动维护所有的不变参数。因此，参数化模型中建立的各种约束关系，正是体现了设计人员的设计意图。参数化设计可以大大提高模型的生成和修改速度。

在某钢结构项目中，钢结构采用交叉状的网壳结构。图 1-7（a）为主肋控制曲线，它是在建筑师根据莫比乌斯环的概念确定的曲线走势基础上衍生出的多条曲线；生成基础控制线后，利用参数化设定曲线间的参数，按照设定的参数自动生成主次肋曲线，如图 1-7（b）所示；相应的外表皮单元和梁也是随着曲线的生成自动生成，如图 1-7（c）所示。这种参数化的特性，不仅能够大大加快设计进度，还能够极大地缩短设计修改的时间。

(a) 主肋控制曲线

(b) 主次肋曲线

(c) 外表皮单元和梁

图 1-7　参数化建模图

1.1.2.4　仿真性

(1) 建筑物性能分析仿真

建筑物性能分析仿真即基于 BIM 技术建筑师在设计过程中赋予所创建的虚拟建筑模型大量建筑信息（几何信息、材料性能、构件属性等），然后将 BIM 模型导入相关性能分析软件，就可得到相应的分析结果。这一性能使得 CAD 时代需要专业人士花费大量时间输入大量专业数据，而随着 BIM 技术的应用可自动轻松完成，从而大大减少了工作量，提高了设计质量，优化了为业主的服务。

性能分析主要包括能耗分析、光照分析、设备分析、绿色分析等。

(2) 施工仿真

① 施工方案模拟优化。施工方案模拟优化指的是通过 BIM 可对项目重点及难点部分进行可建造性模拟，按月、日、时进行施工安装方案的分析优化，验证复杂建筑体系（如施工模板、玻璃装配、锚固等）的可建造性，从而提高施工计划的可行性。对项目管理方而言，可直观了解整个施工安装环节的时间节点、安装工序及疑难点。而施工方也可进一步对原有安装方案进行优化和改善，以提高施工效率和施工方案的安全性。

② 工程量自动计算。BIM 模型作为一个富含工程信息的数据库，可真实地提供造价管理所需的工程量数据。基于这些数据信息，计算机可快速对各种构件进行统计分析，大大减少了烦琐的人工操作和潜在错误，实现了工程量信息与设计文件的统一。通过 BIM 获得准确的工程量统计，可用于设计前期的成本估算、方案比选、成本比较，以及开工前预算和竣工后决算。

③ 消除现场施工过程干扰或施工工艺冲突。随着建筑物规模和使用功能复杂程度的增加，设计、施工、甚至业主对于机电管线综合的出图要求愈加强烈。利用 BIM 技术，通过搭建各专业 BIM 模型，设计师能够在虚拟三维环境下快速发现并及时排除施工中可能遇到的碰撞冲突，显著减少由此产生的变更申请单，大大提高施工现场作业效率，降低了因施工不协调造成的成本增长和工期延误。

(3) 施工进度模拟

施工进度模拟即通过将 BIM 技术与施工进度计划相链接，把空间信息与时间信息整合在一个可视的 4D 模型中，直观、精确地反映整个施工过程。当前建筑工程项目管理中常以甘特图表示进度计划，其专业性强，但可视化程度低，无法清晰描述施工进度以及各种复杂关系（尤其是动态变化过程）。而通过基于 BIM 技术的施工进度模拟可直观、精确地反映整个施工过程，进而可缩短工期，降低成本，提高质量。

（4）运维仿真

① 设备的运行监控。即采用 BIM 技术实现对建筑物设备的搜索、定位、信息查询等功能。在运维 BIM 模型中，在设备信息集成的前提下，运用计算机对 BIM 模型中的设备进行操作，可以快速查询设备的所有信息，如生产厂商、使用寿命期限、联系方式、运行维护情况以及设备所在位置等。通过对设备运行周期的预警管理，可以有效地防止事故的发生，利用终端设备和二维码、RFID 技术，迅速对发生故障的设备进行检修。

② 能源运行管理。即通过 BIM 模型对租户的能源使用情况进行监控与管理，赋予每个能源使用记录表传感功能，在管理系统中及时做好信息的收集处理，通过能源管理系统对能源消耗情况自动进行统计分析，并且可以对异常使用情况进行警告。

③ 建筑空间管理。即基于 BIM 技术业主通过三维可视化直观地查询定位到每个租户的空间位置以及租户的信息，如租户名称、建筑面积、租约区间、租金情况、物业管理情况；还可以实现租户的各种信息的提醒功能，同时根据租户信息的变化，实现对数据的及时调整和更新。

1.1.2.5　协调性

协调一直是建筑业工作中的重点内容，不管是施工单位还是业主及设计单位，都在做着协调及互相配合的工作。基于 BIM 进行工程管理，可以有助于工程各参与方进行组织协调工作。通过 BIM 建筑信息模型可在建筑物建造前期对各专业的碰撞问题进行协调，生成并提供协调数据。

（1）设计协调

设计协调指的是通过 BIM 三维可视化控件及程序自动检测，可对建筑物内机电管线和设备进行直观布置模拟安装，检查是否碰撞，找出问题所在及冲突矛盾之处，还可调整楼层净高、墙柱尺寸等。

（2）整体进度规划协调

整体进度规划协调指的是基于 BIM 技术，对施工进度进行模拟，同时根据最前线的经验和知识进行调整，可极大地缩短施工前期的技术准备时间，并帮助各类各级人员对设计意图和施工方案获得更高层次的理解。以前施工进度通常是由技术人员或管理层敲定的，容易出现下级人员信息断层的情况，BIM 技术的应用可使得施工方案更高效、更完美。

（3）成本预算、工程量估算协调

成本预算、工程量估算协调指的是应用 BIM 技术可以为造价工程师提供各设计阶段准确的工程量、设计参数和工程参数，这些工程量和参数与技术经济指标结合，可以计算出准确的估算、概算，再运用价值工程和限额设计等手段对设计成果进行优化。同时，基于 BIM 技术生成的工程量不是简单的长度和面积的统计，专业的 BIM 造价软件可以进行精确的 3D 布尔运算和实体减扣，从而获得更符合实际的工程量数据，并且可以自动形成电子文档进行交换、共享、远程传递和永久存档。其在准确率和速度上都较传统统计方法有很大的提高，有效降低了造价工程师的工作强度，提高了工作效率。

（4）运维协调

BIM 系统包含了多方信息，如厂家价格信息、竣工模型、维护信息、施工阶段安装深化图等，BIM 系统能够把成堆的图纸、报价单、采购单、工期图等统筹在一起，呈现出直观、实用的数据信息，并可以基于这些信息进行运维协调。运维管理主要体现在以下方面。

① 空间协调管理。空间协调管理主要应用在照明、消防等各系统和设备空间定位。首先，应用 BIM 技术业主可获取各系统和设备空间位置信息，把原来编号或者文字表示变成三维图形位置，直观形象且方便查找，如通过 RFID 获取大楼的安保人员位置。其次，BIM 技术可应用于内部空间设施可视化，利用 BIM 建立一个可视三维模型，所有数据和信息可以从模型获取调用，如装修的时候，可快速获取不能拆除的管线、承重墙等建筑构件的相关属性。

② 设施协调管理。设施协调管理主要体现在设施的装修、空间规划和维护操作。BIM 技术能够提供关于建筑项目的协调一致的、可计算的信息，该信息可用于共享及重复使用，从而可降低业主和运营商由于缺乏操作性而导致的成本损失。此外基于 BIM 技术还可对重要设备进行远程控制，把原来商业地产中独立运行的各种设备通过 RFID 等技术汇总到统一的平台上进行管理和控制。最后，通过远程控制，可充分了解设备的运行状况，为业主更好地进行运维管理提供良好条件。

③ 隐蔽工程协调管理。基于 BIM 技术的运维可以管理复杂的地下管网，如污水管、排水管、网线、电线以及相关管井，并且可以在图上直接获得相对位置关系。当改建或二次装修的时候可以避开现有管网位置，便于管网维修、更换设备和定位。内部相关人员可以共享这些电子信息，有变化可随时调整，保证信息的完整性和准确性。

④ 应急管理协调。通过 BIM 技术的运维管理对突发事件管理包括：预防、警报和处理。以消防事件为例，该管理系统可以通过喷淋感应器感应信息；如果发生着火事故，在商业广场的 BIM 信息模型界面中，就会自动触发火警警报；着火区域的三维位置和房间立即进行定位显示；控制中心可以及时查询相应的周围环境和设备情况，为及时疏散人群和处理灾情提供重要信息。

⑤ 节能减排管理协调。通过 BIM 结合物联网技术的应用，使得日常能源管理监控变得更加方便。通过安装具有传感功能的电表、水表、煤气表后，可以实现建筑能耗数据的实时采集、传输、初步分析、定时定点上传等基本功能，并具有较强的扩展性。系统还可以实现室内温湿度的远程监测，分析房间内的实时温湿度变化，配合节能运行管理。在管理系统中可以及时收集所有能源信息，并且通过开发的能源管理功能模块，对能源消耗情况进行自动统计分析，比如各区域、各户主的每日用电量、每周用电量等，并对异常能源使用情况进行警告或者标识。

1.1.2.6　优化性

整个设计、施工、运营的过程，其实就是一个不断优化的过程，没有准确的信息是做不出合理优化结果的。BIM 模型提供了建筑物存在的实际信息，包括几何信息、物理信息、规则信息，还提供了建筑物变化以后的实际信息。BIM 及与其配套的各种优化工具提供了对复杂项目进行优化的可能。把项目设计和投资回报分析结合起来，计算出设计变化对投资回报的影响，使得业主知道哪种项目设计方案更有利于自身的需求，对设计施工方案进行优化，可以带来显著的工期和造价改进。

1.1.2.7　可出图性

运用 BIM 技术，除了能够进行建筑平、立、剖面图及详图的输出外，还可以输出碰撞报告及构件加工图等资料。

图 1-8　梁与门碰撞图

（1）施工图纸输出

通过将建筑、结构、电气、给排水、暖通等专业的 BIM 模型整合后，进行管线碰撞检测，可以输出综合管线图（经过碰撞检查和设计修改，消除了相应错误）、综合结构留洞图（预埋套管图）、碰撞检查报告和建议改进方案。

① 建筑与结构专业的碰撞。建筑与结构专业的碰撞主要包括建筑与结构图纸中的标高、柱、剪力墙等的位置是否一致等问题。图 1-8 是梁与门之间的碰撞。

② 设备内部各专业碰撞。设备内部各专业碰撞内容主要是检测各专业与管线的冲突情况，如图 1-9 所示。

（a）检测出的碰撞　　　　　　　　　　（b）优化后的管线

图 1-9　设备管道互相碰撞图

③ 建筑、结构专业与设备专业碰撞。设备与室内装修碰撞属于建筑专业与设备专业的碰撞，如图 1-10 为水管穿吊顶图。管道与梁柱冲突属于结构专业与设备专业的碰撞，如图 1-11 为风管和梁碰撞图。

图 1-10　水管穿吊顶图　　　　　　　　　图 1-11　风管和梁碰撞图

④ 解决管线空间布局。基于 BIM 模型可调整解决管线空间布局问题，如机房过道狭小、各管线交叉等问题。管线交叉及优化具体过程如图 1-12 所示。

（2）构件加工指导

① 出构件加工图。通过 BIM 模型对建筑构件的信息化表达，可在 BIM 模型上直接生成构件加工图，不仅能清楚地传达传统图纸的二维关系，而且对于复杂的空间剖面关系也可以清楚表达，同时还能够将离散的二维图纸信息集中到一个模型当中，这样的模型能够更加紧密地实现与预制工厂的协同和对接。

(a) 问题一　　　　　　　　　　　　　　　(b) 问题二

(c) 问题一优化后　　　　　　　　　　　　(d) 问题二优化后

图 1-12　风管和梁及消防管道优化前后对比图

　　② 构件生产指导。在生产加工过程中，BIM 信息化技术可以直观地表达出配筋的空间关系和各种参数情况，能自动生成构件下料单、派工单、模具规格参数等生产表单，并且能通过可视化的直观表达帮助工人更好地理解设计意图，可以形成 BIM 生产模拟动画、流程图、说明图等辅助培训的材料，有助于提高工人生产的准确性和质量效率。

　　③ 实现预制构件的数字化制造。借助工厂化、机械化的生产方式，采用集中、大型的生产设备，将 BIM 信息数据输入设备，就可以实现机械的自动化生产，这种数字化建造的方式可以大大提高工作效率和生产质量。比如现在已经实现了钢筋网片的商品化生产，符合设计要求的钢筋在工厂可自动下料、自动成形、自动焊接（绑扎），形成标准化的钢筋网片。

1.1.2.8　信息完备性

　　信息完备性体现在 BIM 技术可对工程对象进行 3D 几何信息和拓扑关系的描述以及完整的工程信息描述，如对象名称、结构类型、建筑材料、工程性能等设计信息；施工工序、进度、成本、质量以及人力、机械、材料资源等施工信息；工程安全性能、材料耐久性能等维护信息；对象之间的工程逻辑关系等。

1.2　BIM 基础应用

1.2.1　BIM 在勘察设计阶段应用

　　BIM 在勘察设计阶段的主要应用分析见表 1-1。

表 1-1　BIM 在勘察设计阶段的主要应用分析表

勘察设计 BIM 应用内容	勘察设计 BIM 应用分析
设计方案论证	设计方案比选与优化，提出性能、品质最优的方案
设计建模	三维模型展示与漫游体验； 建筑、结构、机电各专业协同建模； 参数化建模技术实现一处修改，相关联内容智能变更； 避免错、漏、碰、缺发生
能耗分析	通过 IFC 或 gbxml 格式文件输出能耗分析模型； 对建筑能耗进行计算、评估，进而开展能耗性能优化； 能耗分析结果存储在 BIM 模型或信息管理平台中，便于后续应用
结构分析	通过 IFC 或 Structure Model Center 输出数据计算模型； 开展抗震、抗风、抗火等结构性能设计； 结构计算结果存储在 BIM 模型或信息管理平台中，便于后续应用
光照分析	建筑、小区日照性能分析； 室内光源、采光、景观可视度分析； 光照计算结果存储在 BIM 模型或信息管理平台中，便于后续应用
设备分析	管道、通风、负荷等机电设计中的计算分析模型输出； 冷、热负荷计算分析； 舒适度模拟； 气流组织模拟； 设备分析结果存储在 BIM 模型或信息管理平台中，便于后续应用
绿色评估	通过 IFC 或 gbxml 格式文件输出绿色评估模型； 建筑绿色性能分析，其中包括：规划设计方案分析与优化、节能设计与数据分析、建筑遮阳与太阳能利用、建筑采光与照明分析、建筑室内自然通风分析、建筑室外绿化环境分析、建筑声环境分析、建筑小区雨水采集和利用； 绿色分析结果存储在 BIM 模型或信息管理平台中，便于后续应用
工程量统计	通过 BIM 模型输出土建、设备统计报表； 输出工程量统计，与概预算专业软件集成计算； 概预算分析结果存储在 BIM 模型或信息管理平台中，便于后续应用
其它性能分析	建筑表面参数化设计； 建筑曲面幕墙参数化分格、优化与统计
管线综合	各专业模型碰撞检测，提前发现错、漏、碰、缺等问题，减少施工中的返工和浪费
规范验证	BIM 模型与规范、经验相结合，实现智能化的设计，减少错误，提高设计便利性和效率
设计文件编制	从 BIM 模型中生成二维图纸、计算书、统计表单，特别是详图和表达，可以提高施工图的出图效率，并能有效减少二维施工图中的错误

在我国的工程设计领域应用 BIM 的部分项目中，可发现 BIM 技术已获得比较广泛的应用，除上表中的"规范验证"外，其它方面都有应用，应用较多的方面大致如下。

① 设计中均建立了三维设计模型，各专业设计之间可以共享三维设计模型数据，进行专业协同、碰撞检查，避免数据重复录入。

② 使用相应的软件直接进行建筑、结构、设备等各专业设计，部分专业的二维设计图纸可以从三维设计模型自动生成。

③ 可以将三维设计模型的数据导入到各种分析软件，例如能耗分析、日照分析、风环境分析等软件中，快速地进行各种分析和模拟，还可以快速计算工程量并进一步进行工程成本的预测。

1.2.2 BIM 在施工阶段的作用

(1) BIM 对施工阶段技术提升的价值

① 辅助施工深化设计或生成施工深化图纸；

② 利用 BIM 技术对施工工序的模拟和分析；

③ 基于 BIM 模型的错漏碰缺检查；

④ 基于 BIM 模型的实时沟通方式。

(2) BIM 对施工阶段管理和综合效益提升的价值

① 可提高总包管理和分包协调工作效率；

② 可降低施工成本。

(3) BIM 对工程施工的价值和意义

BIM 对工程施工的价值和意义见表 1-2。

表 1-2 BIM 对工程施工的价值和意义

工程施工 BIM 应用	工程施工 BIM 应用分析
支撑施工投标的 BIM 应用	(1) 3D 施工工况展示； (2) 4D 虚拟建造
支撑施工管理和工艺改进的单项功能 BIM 应用	(1) 设计图纸审查和深化设计； (2) 4D 虚拟建造，工程可建造性模拟（样板对象）； (3) 基于 BIM 的可视化技术讨论和简单协同； (4) 施工方案论证、优化、展示以及技术交底； (5) 工程量自动计算； (6) 消除现场施工过程干扰或施工工艺冲突； (7) 施工场地科学布置和管理； (8) 服务构配件预制生产、加工及安装
支撑项目、企业和行业管理集成与提升的综合 BIM 应用	(1) 4D 计划管理和进度监控； (2) 施工方案验证和优化； (3) 施工资源管理和协调； (4) 施工预算和成本核算； (5) 质量安全管理； (6) 绿色施工； (7) 总承包、分包管理协同工作平台； (8) 施工企业服务功能和质量的拓展、提升
支撑基于模型的工程档案数字化和项目运维的 BIM 应用	(1) 施工资料数字化管理； (2) 工程数字化交付、验收和竣工资料数字化归档； (3) 业主项目运维服务

1.2.3 BIM 在运营维护阶段的作用

BIM 参数模型可以为业主提供建设项目中所有系统的信息，在施工阶段做出的修改将全部同步更新到 BIM 参数模型中形成最终的 BIM 竣工模型。该竣工模型作为各种设备管理的数据库为系统的维护提供依据。

此外，BIM 可同步提供有关建筑使用情况或性能、入住人员与容量、建筑使用时间以及建筑财务方面的信息；同时，BIM可提供数字更新记录，并改善搬迁规划与管理。BIM还促进了标准建筑模型对商业场地条件（例如零售业场地，这些场地需要在许多不同地点建造相似的建筑）的适应。有关建筑的物理信息（例如完工情况、承租人或部门分配、家具和设备库存）和关于可出租面积、租赁收入或部门成本分配的重要财务数据都更加易于管理和使用。稳定访问这些类型的信息可以提高建筑运营过程中的收益与成本管理水平。

综合应用GIS技术，将BIM与维护管理计划相链接，实现建筑物业管理与楼宇设备的实时监控相集成的智能化和可视化管理，及时定位问题来源，结合运营阶段的环境影响和灾害破坏，针对结构损伤、材料劣化及灾害破坏，可进行建筑结构安全性、耐久性分析与预测。

1.2.4 BIM在项目全生命周期的作用

在传统的设计-招标-建造模式下，基于图纸的交付模式使得跨阶段时信息损失带来大量价值的损失，导致出错、遗漏，需要花费额外的精力来创建、补充精确的信息。而基于BIM模型的协同合作模型，利用三维可视化、数据信息丰富的模型，各方可以获得更大投入产出比，如图1-13所示。

图 1-13 设施生命周期中各阶段的信息与效率图

美国 Building SMART Alliance 在 "BIM Project Execution Planning Guide Version 1.0"中，根据当前美国工程建设领域的BIM使用情况总结了BIM的20多种主要应用，如图1-14所示。从图中可以发现，BIM应用贯穿了建筑的规划、设计、施工与运营四大阶段，多项应用是跨阶段的，尤其是基于 BIM 的"现状建模"与"成本预算"贯穿了建筑的全生命周期。

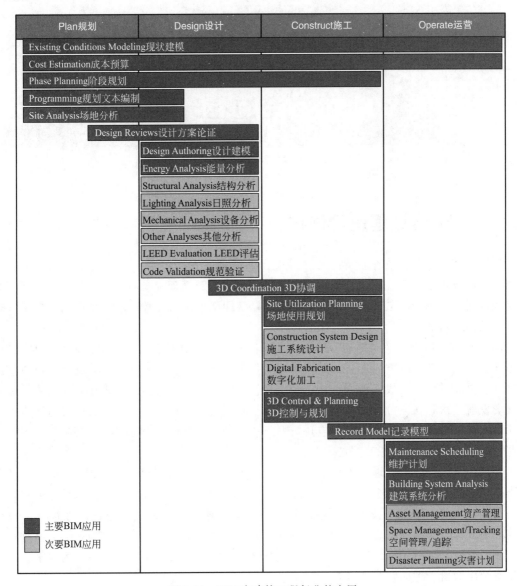

图 1-14　BIM 在建筑工程行业的应用

基于 BIM 技术无法比拟的优势和活力，现今 BIM 已被愈来愈多的专家应用在各式各样的工程项目中，涵盖了从简单的仓库到形式最为复杂的新建筑，随着建筑物的设计、施工、运营的推进，BIM 将在建筑的全生命周期管理中不断体现其价值。

第2章

全过程BIM造价应用

2.1 BIM全过程造价概述

BIM技术目前已经在全世界工程领域范围内得到了普遍应用。BIM技术应用关键在于利用计算机技术建立三维模型数据库，在建筑工程造价及管理中实时变化调整，准确调用各类相关数据，以提升决策质量，加快决策进度，从而降低项目管控成本、保障项目质量，达到提升效益的目的。

BIM技术的出现与应用推动着工程软件不断发展，尤其是造价工程管理软件，从二维、静态向着三维、动态的方向发展，促使建筑工程全过程造价管理不断出现新突破，以更高的精准度、更高的效率完成工程量计算工作。BIM技术在工程管理中的应用经历了从低级到高级的发展层次，在充分发挥自身技术优势的基础上实现了最大价值，发展趋势将逐步由浅到深地实现项目全过程BIM造价应用，从而真正发挥BIM技术服务于建筑行业整体的发展。

相比传统工程造价管理，BIM技术的应用可谓是对工程造价的一次颠覆性革命，其具有不可比拟的优势，对于全面提升工程造价行业效率与信息化管理水平，优化管理流程，具有显著的应用优势。BIM技术的应用使得复杂烦琐、耗时耗力的工程量计算在设计阶段即可高效完成，具有精准度高、效率高的特点，另外还使得工程造价管理核心转变为全过程造价控制，减少烦琐的工程量计算，并对工程造价人员的能力与素质提出了更高的要求，对建筑工程全面造价管理而言有积极意义。

2.1.1 提升工程量计算准确性与效率

工程量计算作为造价管理预算编制的基础，比起传统手工计算、二维软件计算，BIM技术的自动算量功能可提升计算客观性与效率，还可利用三维模型对规则或不规则构件等进行准确计算，也可实时完成三维模型的实体减扣计算，无论是效率、准确率还是客观性上都有保障。BIM技术的应用改变了工程造价管理中工程量计算的烦琐复杂，节约了人力、物力与时间资源等，让造价工程师可更好地投入高价值工作中，有利于做好风险评估与询价工程，编制精度更高的预算。比如某地区海洋公园的度假景观项目，希望将园区内工程房屋改造为度假景区，需对原有房屋设备等进行添置删减、修补更换，利用BIM技术建立三维模型，可更好地完成管线冲突、日照、景观等工程量项目的分析检查与设计。

BIM技术在造价管理应用方面的最大优势体现在工程量统计与核查上,三维模型建立后可自动生成具体工程数据,对比二维设计工程量报表与统计情况,可发现数据偏差大量减少。造成如此差异的原因在于,二维图纸计算中跨越多张图纸的工程项目存在多次重复计算可能性、面积计算中立面面积有被忽略可能性、线性长度计算中只顾及投影长度等,以上这些都会影响准确性,BIM技术的应用可有效消除偏差。

2.1.2　加强全过程成本控制

建筑工程项目管控过程中合理的实施计划可起到事半功倍的作用,应用BIM技术建立三维模型可提供更好、更精确、更完善的数据基础,能更好地服务于资金计划、人力计划、材料计划与设备设施计划等的编制与使用。BIM模型可赋予工程量时间信息,显示不同时间段工程量与工程造价,有利于各类计划的编制,达到合理安排资源的目的,从而有利于工程管控过程中成本控制计划的编制与实施,有利于合理安排各项工作,高效利用人力、物力、资源等。

2.1.3　加强对设计变更管理

建筑工程管理中经常会遇到设计变更的情况,设计变更可谓是管控过程中应对压力大、难度大的一项工作。应用BIM技术首先可以有效减少设计变更情况的发生,利用三维建模碰撞检查工具可降低变更发生率;在设计变更发生时,可将变更内容输入到相关模型中,通过模型的调整获得工程量自动变化情况,避免了重复计算造成的误差等问题。将设计变更后工程量变化引起的造价变化情况直接反馈给设计师,有利于更好地了解工程设计方案的变化和工程造价的变化,全面控制设计变更引起的多方影响,提升建筑项目造价管理水平与成本控制能力,有利于避免浪费与返工等现象。

2.1.4　方便历史数据积累和共享

建筑工程项目完成后,众多历史数据的存储与再应用是一大难点。利用BIM技术可做好这些历史数据的积累与共享,在碰到类似工程项目时,可及时调用这些参考数据,对工程造价指标、含量指标等此类借鉴价值较高的信息的应用有利于今后工程项目的审核与估算,有利于提升企业工程造价全过程管控能力和企业核心竞争力。

2.1.5　有利于项目全过程造价管理

建筑工程全过程造价管理贯穿决策、设计、招投标、施工、结算五大阶段,每个阶段的管理都为最终项目投资效益服务,利用BIM技术可发挥其自身优越性,使之在工程各个阶段的造价管理中提供更好的服务。

决策阶段,可利用BIM技术调用以往工程项目数据估算、审查当前工程费用,估算项目总投资金额,利用历史工程模型服务当前项目的估算,有利于提升设计编制准确性。

设计阶段,BIM技术历史模型数据可服务限额设计,限额设计指标提出后可参考类似工程项目测算造价数据,一方面可提升测算深度与准确度,另一方面也可减少计算量,节约人力与物力成本等。项目设计阶段完成后,BIM技术可快速完成模型概算,并核对其是否满足要求,从而达到控制投资总额、发挥限制设计价值的目标,对于全过程工程造价管理而言有积极意义。

招投标阶段，工程量清单招投标模式下 BIM 技术的应用可在短时间内高效、快速、准确地提供招标工程量。尤其是施工单位，在招投标期限较紧的情况下，面对逐一核实难度较大的工程量清单，可利用 BIM 模型迅速准确完成核实，减少计算误差，避免项目亏损，高质量完成招投标工作。

施工阶段的造价管控，时间长、工作量大、变量多，BIM 技术的碰撞检查可减少设计变更情况，在正式施工前进行图纸会审可有效减少设计问题与实际施工问题，减少变更与返工情况。BIM 技术下的三维模型有利于施工阶段资金、人力物力资源的统筹安排与进度款的审核支付，及在施工中迅速按照变更情况及时调整造价，做到按时间、按工序、按区域输出工程造价，实现全过程成本管控的精细化管理。

结算阶段，BIM 模型可提供准确的结算数据，提升结算进度与效率，减少经济纠纷。

综上所述，BIM 技术在工程造价管理中的应用可全面提升工程造价行业效率与信息化管理水平，优化管理流程，高效率、高精准度地完成工程量计算工作，有利于加强全过程成本控制，做好设计变更应对，方便历史数据积累和共享，对于建筑项目造价管理工作而言有诸多优越性，应用价值较高，值得大力推广应用。

2.2 BIM 全过程造价应用

随着我国工程造价管理工作不断发展，造价控制已从原先侧重于施工阶段，发展为"事前预控、事中控制、事后评估"的全过程造价管理。相比于传统工程造价管理，BIM 技术将工程造价管理的全过程管控扎根于及时而准确的海量工程基础数据，通过工程管理的自动化、信息化与智能化，从而在全过程管控中提供支持决策的各类信息基础，节约流程，管控时间成本与经济成本，高效监督工程实施情况，实时核查对比，更好完成成本全过程管控与风险管控，服务建筑工程管理。

因此，引入 BIM 技术推行工程造价的全过程精细化管理是促进我国工程造价管理工作健康发展的重要手段。图 2-1 为根据全过程造价应用及项目管理涉及的主要业务梳理的一个业务全景图，本节将围绕以下业务全景图展开 BIM 全过程造价应用介绍。

业务领域	决策阶段	设计阶段			交易阶段	施工阶段	
		方案设计	初设/扩初	施工图设计		工程施工	竣工交付
造价咨询	投资估算	方案估算	初设/扩初	施工图设计	工程量清单与控制价	变更 洽商 认价 价差 索赔 计量支付	结算
	目标成本测算						
		合约规划			招标管理		
	方案比选			资金计划			
			深化设计				
项目管理	工程项目行政审批管理					进度管理 质量管理 安全管理	

图 2-1

2.2.1　BIM项目投资决策阶段应用

项目投资决策阶段是工程造价的前期和基础。BIM技术的可视化和模拟化特征可以为项目决策提供有力支持。业主可以通过BIM技术的多维建模手段进行真实化虚拟建造，从而对建筑设计方案预评估。利用BIM模型中构件的可运算性，造价人员可以利用以往类似工程的BIM数据搭建拟建项目模型，快速统计工程量信息，然后结合造价的云端系统快速查询价格信息和估算指标，从而在没有图纸的情况下完成类似项目的投资估算。其不仅在成本控制及利益最大化的造价技术方面提高估算效率，更在方案选择方面，可用数据选择最优化的工程质量与项目效益。

2.2.2　BIM项目设计阶段应用

项目设计阶段是工程造价控制的关键，对工程造价的影响程度达到70%左右。BIM技术的引入可大大改善建设项目设计工作，尤其在以下两方面优势突出。

（1）轻松实现限额设计

传统的设计软件功能单一，需要大量人力、物力完成，并且无法快速算量算价。通过BIM技术的应用，利用BIM数据库存储的大量历史数据，可从不同角度细化出各种指标，如不同建筑中的钢筋配比、不同时期的市场价等。通过BIM软件进行设计，可以快速导入相应算量软件，并结合数据库信息，轻松得到工程造价，实现限额设计。

（2）快速检查设计碰撞

根据美国建筑行业研究院相关研究结果显示，建设行业浪费率接近50%，造成浪费的主要原因在于图纸错误和设计不合理导致的设计变更或工程返工。而在我国这种浪费现象更是司空见惯且数额触目惊心，大大提高了建筑造价。BIM软件可利用的可视化特性，构建出逼真清晰的三维模型，很容易将设计中的问题暴露出来，方便设计人员对各个专业的设计进行碰撞检查和空间协调。通过设计阶段的BIM模型对施工阶段的构件和管线、建筑与结构、结构与管线等进行碰撞检查、施工模拟等优化设计，对施工中机械位置、物料摆放进行合理规划，在施工前尽早地发现未来将会面对的问题及矛盾，发现施工中不合理的地方及时进行调整，或者商讨出最佳施工方案与解决办法，降低传统2D模式的错、漏、碰、缺等现象的出现，以此提高建筑设计的可靠性，同时也可以最大限度地减少设计变更的出现。

2.2.3　BIM项目招投标阶段应用

项目招投标阶段是BIM价值的集中体现。按照传统的造价方式，需要花费大量的人力、物力，计算工程量，编制工程量清单。通过BIM技术的应用，招标代理机构或建设单位可以利用BIM模型中的工程信息快速提取工程量，借助信息模型获取更多的工程信息数据，准确编制工程量清单，减少漏洞问题以及因工程量不准确而造成的纠纷问题的产生。投标人可以利用BIM模型数据提取工程信息，制定符合自己的投标策略准确的投标文件，增大得标概率。同时，将BIM平台和互联网有机结合，有利于政府招投标管理部门监管，从而有效遏制招投标中的腐败舞弊现象，让招标工作顺利进行。

2.2.4　BIM项目施工阶段应用

项目施工阶段是我国BIM应用最多的阶段。施工阶段的造价管理目标是将工程项目造价控制在计划投资额范围内，定期对实际发生造价和目标值比对，发现和纠正偏差。BIM技术能够对工程计量、施工组织设计、技术交底、方案分析、深化设计、工程变更、物料跟踪、进度款支付、索赔管理和资金使用计划等各方面进行全面管理。利用 BIM 体系完成对建筑、装饰、安装、机电等多专业的结合，通过 BIM 模型关联项目质量、成本、安全、资源信息，为技术和管理人员提供直观准确的分析模型，通过模块的详细划分，帮助造价人员完成对成本的精细化管理，并对科学决策起到辅助作用，预防因施工过程中的盲目性导致延误工期、浪费资源、出现质量缺陷等问题，也降低了出现工程变更的概率，从而完成控制造价的目的。通过 BIM 信息化模型的工程造价运作，可真正实现在施工过程中的成本最优化利用及成本最低化管理，让工程的智能化充分发挥作用。

2.2.5 BIM 项目竣工阶段应用

项目竣工阶段是建设项目的收尾阶段，是工程质量验收的关键环节。竣工阶段的工程造价管理是对整个项目建设的最终造价予以评估。通过运用 BIM 技术可以将整个施工过程对应的造价信息反映出来，BIM 技术的应用可以实现工程数据的动态管理和更新，让工作人员能够及时了解到各环节施工的具体情况，并通过数据的收集和分析，根据实际发生的工程量与造价信息对比，计算出各阶段的单价情况，尤其是变量情况，以此了解进度款的具体情况，呈现的信息量即可完全表达竣工实体工程信息量，使竣工结算更加高效、准确，省时省力。这样可以确保对项目维护工作进行全面的监督，从而促进造价管理水平和质量的提高。使用 BIM 技术则可以利用之前阶段的已经建立的完备的 BIM 模型，轻松检查。这样既可以对整个项目过程中的历史数据实现追溯，领导层可查看项目过程中的各类信息，又可以将过程中资金情况实时反馈存档。

第3章

BIM工程计量案例实务

3.1 BIM 工程计量基础知识

基于 BIM 的全过程造价管理,落实到招投标阶段,招标单位需要编制工程量清单,投标单位需要编制投标报价,在施工阶段则需要进行工程量的统计、成本控制和进度管理。本章以一个现浇混凝土框架结构——专用宿舍楼工程项目为例,通过项目阶段任务化的模式,先实现案例工程计量,再实现案例工程计价,在完善基础知识的同时,开展项目化任务训练,在真实的工作中理解内容、提升技能。

3.1.1 BIM 计量平台算量基本原理

3.1.1.1 BIM 工程计量案例实务简介

【案例工程概况】现浇钢筋混凝土框架结构——《BIM 算量一图一练》专用宿舍楼工程,总建筑面积 1732.48m²,基底面积 836.24m²,建筑高度为 7.650m,地上主体为两层,无地下主体,室内外高差为 0.45m。建筑物设计使用年限 50 年,抗震设防烈度 7 度,工程一层平面图见图 3-1。

3.1.1.2 钢筋和土建工程量的主要计算依据

(1)《混凝土结构施工图平面整体表示方法制图规则和构造详图(现浇混凝土框架、剪力墙、梁、板)》(16G101-1)。

(2)《混凝土结构施工图平面整体表示方法制图规则和构造详图(现浇混凝土板式楼梯)》(16G101-2)。

(3)《混凝土结构施工图平面整体表示方法制图规则和构造详图(独立基础、条形基础、筏板基础、桩基础)》(16G101-3)。

(4)清单工程量计算规范采用《房屋建筑与装饰工程工程量计算规范》(GB 50854—2013)。

(5)定额规范采用《山东省建筑工程消耗量定额》(2016 版)及配套解释、相关规定。

图 3-1

图 3-2

以 BIM 计量平台 GTJ2021 为载体完成该工程的工程量计量工作，通过项目阶段化任务的完成，学会平法图纸识读、掌握各构件工程量计算方法，形成进行工程计量的能力。明确学习规则内容的目的是什么，了解钢筋、土建信息能有什么作用，知道建立的工程模型能解决什么问题，详见图 3-2。

3.1.2 BIM 计量平台算量操作流程

土建和钢筋工程量都可以在 BIM 计量平台 GTJ2021 中计算，在计算构件的钢筋工程量时已经得出相应的混凝土体积，这部分在计算土建工程量时可以直接使用。

钢筋存在的位置和功能计算的量统称为钢筋工程量；土建算量包括土方、装修、其它三个部分，一般指不含钢筋的结构构件体积或面积、长度算量。计算的土建工程量包括：土石方工程量、砌体工程量、混凝土及模板工程量、屋面工程量、天棚及其楼地面工程量、墙柱面工程量等。从中能够得到完整的项目工程总量，也可以得到根据工程要求按照结构类型、楼层、构件等不同维度输出的工程量，根据报表中数据可以汇总相应的构件工程明细量。

3.1.2.1 计量平台操作流程

在进行实际工程的计算时，基本操作流程如图 3-3 所示。

图 3-3

3.1.2.2　不同结构类型的绘制流程

施工图的顺序：先结构后建筑，先地上后地下，先主体后屋面，先室内后室外。

不同结构类型绘制构件顺序有所区别，钢筋部分的构件绘制顺序如下。

砖混结构：砖墙→门窗洞→构造柱→圈梁。

框架结构：柱→梁→板→基础。

剪力墙结构：剪力墙→门窗洞→暗柱/端柱→暗梁/连梁。

框剪结构：柱→剪力墙→门窗洞→暗柱/端柱→暗梁/连梁→板→梁→砌体墙。

表格输入一般包括阳台、楼梯等可以参数化输入的构件或软件中不包括需单独输入的构件。

3.1.3　BIM 计量平台应用重难点

3.1.3.1　计算影响因素

建筑工程的计算影响因素非常多，如图 3-4 所示。根据图 3-4 的分析，造价人员要求掌握《混凝土结构设计规范》（2015 年版）（GB 50010—2010）和平法图集对构件的构造相关要求，能够解读个性化节点的钢筋节点布置，并在计算过程中考虑锚固及相关构件尺寸的依附关系。

3.1.3.2　BIM 计量平台应用重点

本案例工程主要是通过 CAD 导图建立模型的方式计算钢筋工程量和土建工程量，构件图元的绘制是 BIM 计量平台使用中的重要部分，掌握绘图方式是学习算量的基础。

图 3-4

（1）构件图元的分类

工程实际中的构件可以划分为点状构件、线状构件和面状构件。点状构件包括柱、门窗洞口、独立基础、桩基础、桩承台等；线状构件包括梁、墙、条形基础等；面状构件包括现浇板、筏板等。不同形状的构件有不同的绘制方法。对于点式构件，主要是"点"画法；线状构件可以使用"直线"画法或"弧线"画法，也可以使用"矩形"画法在封闭区域内绘制；对于面状构件，可以采用直线绘制边线围成面状图元的画法，也可以采用"弧线"画法以及"点"画法。考虑到各构件之间均有相互关联，平台也对应提供了多种"智能布置"方式，具体操作见算量软件，本处不再赘述。

（2）"点"画法和"直线"画法

①"点"画法。"点"画法适用于点式构件（例如柱）和部分面状构件（例如现浇板、筏板基础等），操作方法如下。

第一步，在"构件工具条"中选择一种已经定义的构件如图3-5所示。

第二步，在"绘图工具栏"选择"点"，如图3-6所示。

图 3-5   图 3-6

第三步，在绘图区，鼠标左键单击一点作为构件的插入点，完成绘制。

【注意】对于面状构件的点式绘制（现浇板、筏板基础等），必须在有其它构件（例如梁和墙）围成的封闭空间内才能进行点式绘制。

②"直线"画法。"直线"绘制主要用于线状构件（如梁和墙），当需要绘制一条或多条连续的直线时，可以采用绘制"直线"的方式。操作方法如下。

第一步，在"构件工具条"中选择一种已经定义的构件，如图3-7所示。

第二步，左键单击"绘图工具栏"中的"直线"，如图3-8所示。

图 3-7   图 3-8

第三步，用鼠标点取第一点，再点取第二点即可画出一道梁，再点取第三点，就可以在第二点和第三点之间画出第二道梁，以此类推。这种画法是系统默认的画法；当需要在连续画的中间从一点直接跳到一个不连续的地方时，可单击鼠标右键临时中断，然后再到新的轴线交点上继续点取第一点开始连续画图，如图3-9所示。

使用直线绘制现浇板等面状图元时，采用与直线绘制梁相同的方法，不同的是要连续绘制，使绘制的线围成一个封闭的区域，形成一块面状图元，绘制结果如图3-10所示。

图 3-9   图 3-10

3.1.3.3　BIM计量平台应用难点

计算结果的正确与否依赖于对工程图纸识读和领会是否正确，在此基础之上需再熟悉平台的功能和应用技巧，具体来说分为以下几点：

① 掌握节点设置、构件设置对钢筋计算的实质性影响；

② 完成构件的几何属性与空间属性定义或绘制；

③ 学习各类构件配筋信息的输入格式及便捷方法；

④ 掌握个性化节点或构件的变通应用。

3.1.4 BIM工程案例图纸解析管理

3.1.4.1 建筑施工图识读及业务分析

案例工程配套图纸为《BIM算量一图一练》中的专用宿舍楼，现浇混凝土框架结构，基础为钢筋混凝土独立基础。该宿舍楼总建筑面积 1732.48m²，基底面积 836.24m²，建筑高度 7.65m（按自然设计地坪到结构屋面顶板）；1～2层为宿舍，无地下主体，室内外高差为 0.45m，建筑物设计使用年限 50 年，抗震设防烈度 7 度。

土建工程量的计算主要依据是建筑施工图，建筑施工图纸大多由总平面布置图，建筑设计说明，各楼层平面图、立面图、剖面图，节点详图和楼梯详图等组成。通过识读建筑施工图可以对工程全貌、各结构、构件间位置关系有准确了解，下面将对部分关键内容结合案例图纸分别阐述。

(1) 总平面布置图

1) 概念　建筑总平面布置图，是表明新建房屋所在基础有关范围内的总体布置，它反映新建、拟建、原有和拆除的房屋、构筑物等的位置和朝向，室外场地、道路、绿化等的布置，地形、地貌、标高，以及原有环境的关系和邻界情况等。建筑总平面图也是房屋及其它设施施工的定位、土方施工以及绘制水、暖、电等管线总平面图和施工总平面图的依据。

2) 对编制工程预算的作用

① 结合拟建建筑物位置，确定塔吊的位置及数量。

② 结合场地总平面位置情况，考虑是否存在二次搬运。

③ 结合拟建工程与原有建筑物的位置关系，考虑土方支护、放坡、土方堆放调配等问题。

④ 结合拟建工程之间的关系，综合考虑建筑物的共有构件等问题。

本工程为一单独建筑，未提供总平面布置图。

(2) 建筑设计说明

1) 概念　建筑设计说明，是对拟建建筑物的总体说明。包含的主要内容包括。

① 建筑施工图目录。

② 设计依据：设计所依据的标准、规定、文件等。

③ 项目概况：一般应包括建筑名称、建设地点、建设单位、建筑面积、建筑基底面积、建筑工程等级、设计使用年限、建筑层数和建筑高度、防火设计建筑分类和耐火等级、人防工程防护等级、屋面防水等级、地下室防水等级、抗震设防烈度等，以及能反映建筑规模的主要技术经济指标，如住宅的套型和套数（包括每套的建筑面积、使用面积、阳台建筑面积，房间的使用面积可在平面图中标注）、旅馆的客房间数和床位数、医院的门诊人次和住院部的床位数、车库的停车泊位数等。案例工程的项目概况见图 3-11。

> **二、项目概况**
>
> 1. 项目名称：专业宿舍楼（不可指导施工）。
> 2. 建筑面积及占地面积：总建筑面积1732.48m²，基底面积836.24m²。
> 3. 建筑高度及层数：建筑高度为7.650m（按自然地坪计到结构屋面顶板），1～2层为宿舍。
> 4. 建筑耐火等级及抗震设防烈度：建筑耐火等级为二级，抗震设防烈度为七度。
> 5. 结构类型：框架结构。
> 6. 建筑物设计使用年限为50年。屋面防水等级为Ⅱ级。

图 3-11

a. 案例工程项目名称：专用宿舍楼。

b. 总建筑面积 1732.48m²，基底面积 836.24m²。

c. 建筑高度 7.65m（按自然设计地坪到结构屋面顶板）；1～2 层为宿舍，无地下主体，室内外高差为 0.45m。

d. 建筑物设计使用年限 50 年。

e. 抗震设防烈度 7 度。

④ 建筑物定位及设计标高、高度。

⑤ 图例。

⑥ 材料说明和室内外装修说明。

⑦ 对采用新技术、新材料的做法说明及对特殊建筑造型和必要的建筑构造的说明。

⑧ 门窗表及门窗性能（防火、隔声、防护、抗风压、保温、空气渗透、雨水渗透等）、用料、颜色、玻璃、五金件等的设计要求。

⑨ 幕墙工程（包括玻璃、金属、石材等）及特殊的屋面工程（包括金属、玻璃、膜结构等）的性能及制作要求，平面图、预埋件安装图等以及防火、安全、隔声构造。

⑩ 电梯（自动扶梯）选择及性能说明（功能、载重量、速度、停站数、提升高度等）。

⑪ 墙体及楼板预留孔洞需封堵时的封堵方式说明。

⑫ 其它需要说明的问题。

2）编制工程预算必须思考的问题

① 该建筑物的建设地点在哪里？（涉及税金税率、规费等费用问题）

② 该建筑物的总建筑面积是多少？地上、地下建筑面积各是多少？（可根据经验，对此建筑物估算造价金额）

③ 图纸中的特殊符号表示什么意思？（辅助读图）

④ 层数是多少？层高及建筑物总高度是多少？（是否产生超高增加费）

⑤ 填充墙体采用什么材质？厚度是多少？砌筑砂浆强度等级是多少？特殊部位墙体是否有特殊要求？（查套填充墙子目）

⑥ 是否有关于墙体粉刷防裂的具体措施？（比如在混凝土构件与填充墙交接部位设置钢丝网片）

⑦ 是否有相关构造柱、过梁、压顶的设置说明？（此内容不在图纸上画出，但也需计算造价）

⑧ 门窗采用什么材质？对玻璃的特殊要求是什么？对框料的要求是什么？有什么五金？门窗的油漆情况如何？是否需要设置护窗栏杆？（查套门窗、栏杆相关子目）

⑨ 有几种屋面？构造做法分别是什么？或者采用哪本图集？（查套屋面子目）

⑩ 屋面排水的形式是什么？（计算落水管的工程量及查套子目）

⑪ 外墙保温的形式是什么？保温材料及厚度如何？（查套外墙保温子目）

⑫ 外墙装修分几种？做法分别是什么？（查套外装修子目）

⑬ 室内有几种房间？它们的楼地面、墙面、墙裙、踢脚、天棚（吊顶）装修做法是什么？或者采用哪本图集？（查套房间装修子目）

查看案例工程图纸建施 01-建筑设计总说明，建施 02-室内装修做法表，可思考是如何进行介绍的。

（3）各层平面图

在窗台上边用一个水平剖切面将房子水平剖开，移去上半部分、从上向下透视它的下半部分，可看到房子的四周外墙和墙上的门窗、内墙和墙上的门，以及房子周围的散水、台阶等。将看到的部分都画出来，并标注上尺寸，即完成平面图。编制预算时必须思考的问题如下。

1）首层平面图

① 通看平面图，是否存在对称的情况？

② 台阶、坡道的位置在哪里？台阶挡墙的做法是否有节点引出？台阶的构造做法采用哪本图集？坡道的位置在哪里？坡道的构造做法采用哪本图集？坡道栏杆的做法是什么？（台阶、坡道的做法有时也在"建筑说明"中明确）

③ 散水的宽度是多少？做法采用的图集号是多少？（散水做法有时也在"建筑说明"中明确）

④ 首层的大门、门厅位置在哪里？

⑤ 首层墙体的厚度是多少？材质是什么？砌筑要求是什么？（可结合"建筑说明"对照来读）

⑥ 是否有节点详图引出标志？（如有节点引出标志，则需对照相应节点号找到详图，帮助全面理解图纸）

⑦ 注意图纸下方对此楼层的特殊说明。

本文以案例工程首层平面图（图 3-12）为例进行识读练习。

图 3-12

案例工程首层平面图识读要点如下。

① 本工程平面图为对称结构。

② 首层的门厅位于建筑物北侧两侧。

③ ±0.000 以上墙体均为 200mm 厚加气混凝土砌块，其中南北面的外墙部分为 300mm 厚（除宿舍管理室、卫生间、楼梯间、门厅所在的外墙，均为 300mm 厚）。宿舍卫生间隔墙为 100mm 厚加气混凝土砌块，卫生间门垛均为 50mm，门洞详见门窗表。

④ 墙体定位除南北外墙（内墙边与轴线齐）均为轴线居中。宿舍为标准宿舍，均是镜像或对称关系。

⑤ 室外散水、台阶、坡道、室外空调板、楼梯栏杆做法详见大样图。

2）其它层平面图

① 是否存在平面对称或户型相同的情况？

② 当前层墙体的厚度、材质、砌筑要求是什么？（可结合"建筑说明"对照来读）

③ 是否有节点详图引出标志？（如有节点引出标志，则需对照相应节点号找到详图，以帮助全面理解图纸）

④ 注意当前层与其它楼层平面的异同，并结合立面图、详图、剖面图综合理解。

⑤ 注意图纸下方对此楼层的特殊说明。

3）屋面平面图

① 屋面结构板顶标高是多少？（结合层高、相应位置结构层板顶标高来识读）

② 屋面女儿墙顶标高是多少？（结合屋面板顶标高计算出女儿墙高度）

③ 查看屋面女儿墙详图。（理解女儿墙造型、压顶造型等信息）

④ 屋面的排水方式如何？排水管位置及长度是多少？

⑤ 注意屋面造型平面形状，并结合相关详图理解。

⑥ 注意屋面楼梯间的信息。

结合案例工程图纸中建施 03-一层平面图、建施 04-二层平面图、建施 05-屋顶层平面图，思考以上问题。

（4）立面图

从房子的正面看，可看到房子前后的正立面形状，看到门窗、外墙裙、台阶、散水、挑檐等结构，将其画出即形成建筑立面图。编制预算时必须注意的问题如下。

① 室外地坪标高是多少？

② 查看立面图中门窗洞口尺寸、离地标高等信息，结合各层平面图中门窗的位置，思考过梁的信息；结合建筑说明中关于护窗栏杆的说明，确定是否存在护窗栏杆。

③ 结合屋面平面图，从立面图上理解女儿墙及屋面造型。

④ 结合各层平面图，从立面图上理解空调板、阳台栏板等信息。

⑤ 结合各层平面图，从立面图上理解各层节点位置及装饰位置的信息。

⑥ 从立面图上理解建筑物各个立面的外装修信息。

⑦ 结合平面图理解门斗造型信息。

结合案例工程图纸中建施 06-立面图（图 3-13），思考以上问题。

案例工程立面图识读要点如下：

① 首层室内地坪高设定为 ±0.000，室外地坪标高 −0.45m。

② 首层和二层层高均为 3.6m，女儿墙高 1.5m，楼梯间顶标高 11.70m。

③ 南北阳台处窗户离地高均为 0.1m，窗户高 2.85m；卫生间处窗户离地高 1.20m，窗

户高 1.75m。

　　④ 外墙墙面装修均为白色面砖横贴，空调格栅为砖红色成品格栅，空调板装修为白色涂料。

　　⑤ 墙身、空调板、台阶等详细信息需阅读节点详图。

图 3-13

（5）剖面图

　　剖面图的作用是对无法在平面图及立面图中表述清楚的局部进行剖切，以清楚表述建筑内部的构造，从而补充说明平面图、立面图所不能显示的建筑物内部信息。编制预算需注意以下问题。

　　① 结合平面图、立面图、结构板的标高信息、层高信息及剖切位置，理解建筑物内部构造的信息。

　　② 查看剖面图中关于首层室内外标高信息，结合平面图、立面图理解室内外高差的概念。

　　③ 查看剖面图中屋面标高信息，结合屋面平面图及其详图，正确理解屋面板的高差变化。

　　请结合案例工程图纸中建施 07-剖面图（图 3-14），思考以上问题。

（6）楼梯详图

　　楼梯详图由楼梯剖面图、平面图组成。由于平面图、立面图只能显示楼梯的位置，而无法清楚显示楼梯的走向、踏步、标高、栏杆等细部信息，因此设计中一般以楼梯详图展示。编制预算时需注意以下问题。

　　① 结合平面图中楼梯位置、楼梯详图的标高信息，正确理解楼梯作为竖向交通工具的立体状况（思考关于楼梯平台、楼梯踏步、楼梯休息平台的概念，进一步理解楼梯及楼梯间装修的工程量计算及定额套用的注意事项）。

　　② 结合楼梯详图，掌握楼梯井的宽度，进一步思考楼梯工程量的计算规则。

　　③ 了解楼梯栏杆的详细位置、高度及所用到的图集。

　　请结合案例工程图纸中建施 07-剖面图（图 3-14）、建施 08-楼梯详图（图 3-15），思考以上问题。

1—1剖面图1：150

图 3-14

楼梯首层平面详图1：50

图 3-15

（7）节点详图

为了补充说明建筑物细部的构造，从建筑物的平面图、立面图中特意引出需要说明的部位，对相应部位进一步详细描述，就构成了节点详图。编制预算时需注意的问题。

1）墙身节点详图

① 墙身节点详图底部。查看关于散水、排水沟、台阶、勒脚等方面的信息，对照散水宽度是否与平面图一致，参照的散水、排水沟图集是否明确（图集有时在平面图或建筑设计说明中明确）。

② 墙身节点详图中部。了解墙体各个标高处外装修、外保温信息；理解外窗中关于窗台板、窗台压顶等信息；理解关于圈梁位置、标高的信息。

③ 墙身节点详图顶部。理解相应墙体顶部关于屋面、阳台、露台、挑檐等位置的构造信息。

2）压顶节点详图　了解压顶的形状、标高、位置等信息。

3）空调板节点详图

4）其它详图

请结合案例工程图纸中建施 09-卫生间及盥洗室详图、门窗详图，建施 10-节点大样（一），建施 11-节点大样（二），如图 3-16 所示，思考以上问题。

案例工程建施 10-节点大样（一）识读要点如下。

① 理解相应墙体顶部屋面、阳台、挑檐等位置的构造信息。

② 识读楼面标高差异。

③ 窗户及护栏基础材料为 C25 混凝土，预埋铁件详图需见建施 11-节点大样（二）；护栏立杆为 30mm×30mm×2mm 方钢立管外喷墨绿色漆，栏杆净间距≤110mm，护栏横杆为 50mm×50mm×2mm 方钢立管外喷墨绿色漆。

④ 空调板护栏详细尺寸详见图纸，空调板装修为找平层，20mm 厚干混 DS M20 砂浆抹面压光；面层为满刮腻子一遍，刷底漆一遍，白色乳胶漆一遍。

⑤ 屋顶女儿墙处防水层收头、室外台阶、室外散水详见图纸。

案例工程建施 11-节点大样（二）识读要点。

① 楼梯栏杆详图：栏杆带基础高 1.05m，不带基础从底层横杆顶起至顶层扶手顶 0.9m；立杆为 ϕ20mm×1.5m 不锈钢圆管，横杆为 ϕ30mm×1.5m 不锈钢圆管，局部立杆为 ϕ40mm×2m 不锈钢圆管，顶层扶手为 ϕ60mm×2m 不锈钢圆管。

② 无障碍坡道断面图、扶手水平段与墙体交接处、踏步面层构造、预埋件细部请见详图。

3.1.4.2　结构施工图识读及业务分析

结构施工图大多由图纸目录、结构设计总说明、基础平面图及基础详图、剪力墙配筋图、各层剪力墙暗柱、端柱配筋表、柱子平面布置图及柱表、各层梁平面图、各层楼板配筋平面图、楼梯配筋详图、节点详图等组成。

结构施工图是计算混凝土、模板工程量，计算钢筋工程量进而计算其造价的重要依据，需要了解建筑物的基础及其垫层、墙、梁、板、柱、楼梯等的混凝土标号、截面尺寸、长度、高度、厚度、位置、钢筋配筋情况、锚固要求、搭接方式等信息。从预算角度，也应着重从这些方面对结构施工图加以详细阅读。

图 3-16

（1）结构设计总说明

1）主要包括内容

① 工程概况：建筑物的位置、面积、层数、结构抗震类别、设防烈度、抗震等级、建筑物合理使用年限等。

② 工程地质情况：土质情况、地下水位等。

③ 设计依据。

④ 结构材料类型、规格、强度等级等，见图 3-17、图 3-18。

⑤ 分类说明建筑物各部位设计要点、构造及注意事项等。

⑥ 需要说明的隐蔽部位的构造详图，如后浇带加强、洞口加强筋、锚拉筋、预埋件等。

⑦ 重要部位图例等。

六、建筑材料

1.混凝土强度等级见下表。

混凝土强度等级

构件类型	混凝土等级
基础垫层	C15
基础、框架柱、结构梁板、楼梯	C30
构造柱、过梁、圈梁	C25

图 3-17

七、通用性构造措施

1.纵向受力钢筋混凝土保护层厚度

基础受力钢筋保护层50mm，其它参见下表。

墙、梁、板、柱保护层厚度

环境类别	板、墙		梁		柱	
	C20	C25～C45	C20	C25～C45	C20	C25～C45
一	20	15	30	25	30	30
二 a	—	20	—	30	—	30
b	—	25	—	35	—	35

注：保护层厚度尚不应小于相应构件受力钢筋的公称直径；板、墙中分布筋保护层厚按上表减10mm，且不应小于10mm；柱中箍筋不应小于15mm；基础中受力钢筋，除地下室筏板及防水底板的迎水面为50mm外，其它有垫层时为40mm，无垫层时为70mm。

图 3-18

案例工程结构设计总说明识读要点如下。

① 混凝土强度等级需根据楼层、构件类型来确定。

② 混凝土保护层需根据环境类别和构件类别来确定；环境类别一类指室内干燥环境，二类a指室内潮湿环境，二类b指干湿交替环境。

2）编制预算需要注意的问题

① 土质情况，作为针对土方工程组价的依据。

② 地下水位情况，考虑是否需要采取降排水措施。

③ 混凝土标号，作为查套定额依据。

④ 砌体的材质及砌筑砂浆要求，作为套砌体定额的依据。

⑤ 其它文字性要求或详图，有时不在结构平面图纸中画出，但也应计算其工程量，例如现浇板分布钢筋、次梁加筋、吊筋、洞口加强筋等。

具体说明详见案例工程图纸结施01-结构设计总说明。

（2）基础平面图及其详图

基础平面图及其详图会详细描述基础的类型、形状、位置、标高、厚度、布筋情况，编制预算需要注意以下问题。

① 基础类型是什么？其决定查套的子目，例如需要注意判断是有梁式条基还是无梁式条基。

② 基础详图情况。其帮助理解基础构造，特别注意基础标高、厚度、形状等信息，了解在基础上生根的柱、墙等构件的标高及插筋情况。

③ 注意基础平面图及详图的设计说明。有些内容设计人员不标注在平面图上，而是以文字的形式加以说明。

结合案例工程图纸中结施02-基础平面布置图，见图3-19，思考以上问题。

图 3-19

案例工程基础平面布置图识读要点如下。

① 结合图纸说明，基础类型为独立基础、两阶，基础梁需见结施05-一层梁配筋图。

② 基础底标高均为 $-2.45\mathrm{m}$，混凝土基础底板下设100mm厚C15素混凝土垫层，每边比基础边宽100mm。

③ 以基础01为例：独立基础01，底阶高0.25m，顶阶高0.20m，基础配筋情况为底阶横向和纵向，即 X 向和 Y 向均为$\oplus$12@150。

（3）柱子平面布置图及柱表

柱子平面布置图表明柱位置，框架柱信息由柱表反映，暗柱信息由柱大样图反映，三者会详细描述出柱的位置、适用高度、柱的形状和尺寸、布筋情况。编制预算需要注意以下问题。

① 对照柱子位置信息（b边、h边的偏心情况）及梁、板、建筑平面图墙体梁的位置，从而理解柱子作为支座类构件的准确位置，为以后计算梁、板等工程量做准备。

② 柱子不同标高部位的配筋及截面信息（常以柱表或平面标注的形式出现）。

③ 特别注意柱子生根部位及高度截止信息，为理解柱子高度信息做准备。

结合案例工程图纸中结施03-柱平面定位图（图3-20）、结施04-柱配筋表（图3-21），思考以上问题。

图 3-20

柱号	标高/m	截面尺寸 /(mm×mm)	角筋	b边一侧中部筋	h边一侧中部筋	箍筋类型号	箍筋
KZ1	基础顶~-0.050	500×500	4$\oplus$22	2$\oplus$22	2$\oplus$22	1. (4×4)	$\oplus$10@100
	-0.050~3.550	500×500	4$\oplus$22	2$\oplus$22	2$\oplus$22	1. (4×4)	$\oplus$8@100
	3.550~7.200	500×500	4$\oplus$22	2$\oplus$22	2$\oplus$22	1. (4×4)	$\oplus$8@100

图 3-21

案例工程柱平面定位图、柱配筋表识读要点如下。

① 在柱平面定位图中根据柱与轴线交点的相对位置确定柱的位置。

② 以 KZ1 为例，通过柱配筋表可以了解到其标高分为三段，基础顶 ~ -0.050，$-0.050\sim 3.550\mathrm{m}$，$3.550\sim 7.200\mathrm{m}$，其截面尺寸均为500mm×500mm，角筋均为4$\oplus$22，b边和h边一侧中部筋为2$\oplus$22，箍筋类型号均为1. (4×4)，但基础顶~$-0.050\mathrm{m}$处箍

筋为 ⸫10@100，－0.050～3.550m、3.550～7.200m 处箍筋为 ⸫8@100。

（4）梁平面布置图

梁平面布置图与建施中的各层平面图相同，配筋不同时需分层出图。每层梁配筋图一般都有集中标注和原位标注，集中标注表明梁的截面尺寸，多为贯穿全梁的钢筋信息；原位标注表明梁在支点、跨中等局部位置钢筋的布置信息。

编制预算需要注意以下问题。

① 结合柱平面图、板平面图综合理解梁的位置信息。

② 结合柱子位置，理解梁跨的信息，进一步理解主梁、次梁的概念及在计算工程量过程中的次序。

结合案例工程图纸中结施 05-一层梁配筋图、结施 06-二层梁配筋图、结施 07-屋顶层梁配筋图思考以上问题。案例工程以标高为 3.550m 处二层梁中 KL3 为例，见图 3-22，说明二层梁配筋图识读要点。

① 案例工程二层梁按照受力形式、截面尺寸、配筋不同共分为主梁 KL（框架梁）16 种，次梁 L（非框架梁）11 种。

② KL3 集中标注信息：KL3（1）表示 1 跨；250×600 表示梁宽度 250mm，高度 600mm；箍筋信息 ⸫8@100/200（2）；上部通长筋 2⸫18，无下部通长筋；抗扭钢筋 N4⸫12。

③ KL3 原位标注信息：1 跨左支座筋 6⸫18 4/2，1 跨跨中筋无筋，1 跨右支座筋 6⸫18 4/2，1 跨下部筋 4⸫20。

④ KL3 在次梁 L9 搭载处需设置附加箍筋根数为每边 3 根，规格、直径、肢数同梁中箍筋。

（5）板平面布置图

板平面布置图同样需要根据配筋的不同分层出图，注意观察板的布置范围。板钢筋根据受力不同分为板受力筋（包括板受力筋和跨板受力筋）和板负筋，根据板受力筋钢筋布置位置的不同分为面筋和底筋，当然板钢筋还包括中间层筋和温度筋。板编制预算需注意以下问题。

① 结合图纸说明，阅读不同板厚的位置信息。

② 注意板筋的布置范围是否有重叠、是否有遗漏。

结合案例工程图纸中结施 08-二层板配筋图、结施 09-屋顶层板配筋图和结施 10-楼梯顶层梁、板配筋图思考以上问题。

案例工程以标高为 3.550m 处二层板为例，见图 3-23，二层板配筋图识读要点如下。

① 观察板的布置范围，图纸说明中表示未注明的板厚为 100mm。

② 图纸中 K8 表示 ⸫8@200。

③ 板筋分为板受力筋和板负筋。其中板受力筋又分为板受力筋和跨板受力筋。板受力筋按照布置位置分为板面筋（图示钢筋为 90°弯钩）和板底筋（图示钢筋为 180°弯钩）。

④ C 轴到 D 轴、1 轴到 3 轴之间板的板受力筋设置为 X 向和 Y 向均为 K8，即 ⸫8@200；南北方向有跨板受力筋，同样是 K8，即 ⸫8@200，但 1 轴到 2 轴之间跨板受力筋注明为 ⸫8@150，两侧各伸出 900mm；在板边与南北方向梁垂直方向布置板负筋，K8 即 ⸫8@200，板内长度为 600mm。

图 3-22

图 3-23

（6）楼梯结构详图

楼梯是建筑物中作为楼层间垂直交通用的构件。在楼梯结构详图中能读到楼梯的类型、位置、尺寸、配筋情况。编制预算需注意以下问题。

① 结合建筑平面图，了解不同楼梯的位置。

② 结合建筑立面图、剖面图，理解楼梯的使用性能。

③ 结合建筑楼梯详图及楼层的层高、标高等信息，掌握踏面深度、踏面数量、踢面数量、休息平台、楼层平台的标高及尺寸。

④ 结合详图及位置，读取梯段宽度、梯板厚度、楼板厚度、平台板厚度及宽度、楼梯井宽度等信息，为计算楼梯工程量做好准备。

请结合案例工程图纸中结施 11-楼梯结构详图思考以上问题。

3.2 BIM工程计量前期准备

 学习目标

能够完成工程信息设置、CAD导图、识别轴网等前期准备工作。

学习要求

了解工程图纸中哪些参数信息影响钢筋工程量的计算。

3.2.1 任务说明

1）完成案例《BIM算量一图一练》专用宿舍楼图纸中新建工程的各项工程信息设置；

2）将专用宿舍楼工程图纸添加至软件中并进行分割、定位、建立图纸楼层构件对应关系；

3）识别专用宿舍楼轴网。

3.2.2　任务分析

新建工程前，要先分析图纸的设计说明，工程图纸设计所依据的图集标准，提取建筑物抗震等级、设防烈度、檐高、结构类型、混凝土强度等级、保护层厚度、钢筋接头的设置要求等信息。

完成案例图纸导入可以使用"图纸管理"中的"添加图纸"功能，然后利用"分割"工具栏中的"自动分割""手动分割""删除""定位"功能键选取有用图纸，去除无用图纸；自动识别楼层表可以运用软件"建模"模块"CAD操作"中"识别楼层表"功能。

识别轴网时选取平面图，一层平面图中开间方向的主轴线有14条，进深方向的主轴线有6条。

3.2.3　任务实施

3.2.3.1　工程信息设置

(1) 新建工程

1）双击桌面图标，启动软件后，点击"新建工程"，进入新建工程界面，输入工程名称，本工程名称为"专用宿舍楼"，如图3-24所示。

计算规则中的清单规则选用"房屋建筑与装饰工程计量规范计算规则（2013-山东）（R1.0.27.2）"，定额规则选用"山东省建筑工程消耗量定额计算规则（2004年04月后)-13清单（R1.0.27.2）"；清单定额库中的清单库选用"工程量清单项目计量规范（2013-山东）"，定额库选用"山东省建筑工程消耗量定额（2006基价）"；钢筋规则中的平法规则选用"16系平法规则"，汇总方式选用"按照钢筋图示尺寸-即外皮汇总"。与工程造价有关

图 3-24

系的钢筋量计算一般采用按"外皮汇总"，按"中心线汇总"计算更准确，一般在工地现场计算钢筋下料长度时采用。

2）单击"创建工程"，进入"工程设置"界面，如图3-25所示。"工程设置"分为"基本设置""土建设置""钢筋设置"三个部分。

图 3-25

（2）基本设置

1）工程信息设置　点击"基本设置"中的"工程信息"，如图 3-26 所示。在工程信息中，结构类型、设防烈度、檐高决定建筑的抗震等级，抗震等级会影响钢筋的搭接和锚固；室外地坪相对±0.000 标高会影响土建工程量，例如脚手架、土方、垂直运输费计算。因此，在软件中统一用蓝色字体标识，要根据实际工程的情况输入，且该内容会链接到报表中；黑色字体内容，只起到说明作用，不影响工程算量，填写或不填写均可。

	属性名称	属性值
	工程信息　计算规则　编制信息　自定义	
1	工程概况：	
2	工程名称：	专用宿舍楼
3	项目所在地：	
4	详细地址：	
5	建筑类型：	居住建筑
6	建筑用途：	住宅
7	地上层数(层)：	
8	地下层数(层)：	
9	裙房层数：	
10	建筑面积(m²)：	(797.372)
11	地上面积(m²)：	(797.372)
12	地下面积(m²)：	(0)
13	人防工程：	无人防
14	檐高(m)：	7.65
15	结构类型：	框架结构
16	基础形式：	独立基础
17	建筑结构等级参数：	
18	抗震设防类别：	
19	抗震等级：	三级抗震
20	地震参数：	
21	设防烈度：	7
22	基本地震加速度（g）：	
23	设计地震分组：	
24	环境类别：	
25	施工信息：	
26	钢筋接头形式：	
27	室外地坪相对±0.000标高(m)：	-0.45
28	基础埋深(m)：	
29	标准层高(m)：	
30	地下水位线相对±0.000标高(m)：	-2
31	实施阶段：	招投标
32	开工日期：	
33	竣工日期：	

图 3-26

"《BIM 算量一图一练》——专用宿舍楼"的相关信息如下。

① 结构类型：钢筋混凝土框架结构，依据结施-01。

② 设防烈度：抗震设防烈度为 7 度，依据结施-01。设防烈度通俗地讲就是建筑物需要抵抗地震波对建筑物的破坏程度，要区别于地震震级。

③ 檐高：本建筑物檐口高度为 7.65m，依据结施-01。

④ 抗震等级：三级，依据结施-01。工程信息中的抗震等级的确定是根据图纸中的抗震等级来输入的；抗震等级影响搭接和锚固的长度，抗震等级分为四级，一级抗震等级最高，接下来是二到四级，最后是非抗震。

⑤ 进入"计算规则"界面，该项内容显示新建工程时规定的规则和定额，注意看钢筋损耗——"不计算损耗"，钢筋报表——"全统（2000）"，如图 3-27 所示。

图 3-27

⑥ 进入"编制信息"界面，该项内容显示建设单位、施工单位等信息，不影响工程量计算，如图 3-28 所示。

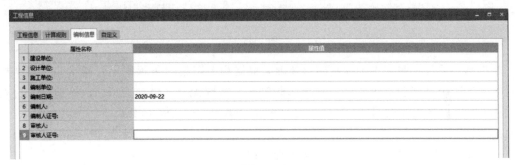

图 3-28

⑦ "自定义界面"可以添加或删除工程特殊属性，如没有可以不设置。

2）楼层设置　直接点击"楼层设置"，软件默认给出首层和基础层，增减楼层可以点击"插入楼层"和"删除楼层"完成。在本界面中还可以对各层中钢筋混凝土构件的混凝土、砂浆类型、强度等级，钢筋锚固和搭接数据，保护层厚度进行设置。

建立楼层，首层标高及层高的确定按照结施-01"结构楼层信息表"建立。

① 在软件中，哪一行打"√"，哪一行就为首层。本工程中首层的结构底标高输入为 −0.05，层高输入为 3.6。

② 由结施-02"注"中读出，基础层的厚度为 2.4m，在基础层的层高位置输入 2.4。

③ 鼠标左键选择首层所在的行，单击"插入楼层"，添加第 2 层，2 层的层高输入为 3.65。

④ 单击"插入楼层"，建立屋顶层，层高的输入为 3.6。

⑤ 在"楼层设置"界面可以看到对应设置的层高及底标高、板厚等信息，如图 3-29 所示。

楼层设置

楼层列表（基础层和标准层不能设置为首层，设置首层后，楼层编码自动变化，正数为地上层，负数为地下层，基础编码固定为 0）

插入楼层　删除楼层　↑ 上移　↓ 下移

首层	编码	楼层名称	层高(m)	底标高(m)	相同层数	板厚(mm)	建筑面积(m2)	
☐	3	屋顶层	3.6	7.2	1	120	(0)	
☐	2	第2层	3.65	3.55	1	120	(0)	
☑	1	首层	3.6	-0.05	1	120	(797.372)	
☐	0	基础层	2.4	-2.45	1	500	(0)	

图 3-29

⑥ 根据结施-01中"混凝土强度等级""混凝土保护层厚度"等信息设置首层楼层混凝

土强度和锚固搭接设置，如图 3-30 所示，为显示混凝土、砂浆内容，故将钢筋锚固和搭接内容隐藏。

楼层	抗震等级	混凝土强度等级	混凝土类型	砂浆标号	砂浆类型	锚固					搭接						保护层厚度(mm)	备注
						HPB…	HR…	HR…	H…	…	HP…	…	…	H…	冷轧带肋	…		
垫层	(非抗震)	C15	普通混凝土	M5.0	混合砂浆	(39)	(38/…	(40…	(4…	(…	(55)	(…	(…	(6…	(63)	(…	(25)	垫层
基础	非抗震	C30	普通混凝土	M5.0	混合砂浆	(30)	(29/…	(35…	(4…	(…	(42)	(…	(…	(6…	(49)	(…	50	包含所有的基础构件,不含基础梁/承台梁/垫层
基础梁/承台梁	非抗震	C30	普通混凝土			(30)	(29/…	(35…	(4…	(…	(42)	(…	(…	(6…	(49)	(…	50	包含基础主梁、基础次梁、承台梁
柱	(三级抗震)	C30	普通混凝土			(32)	(30/…	(37…	(4…	(…	(45)	(…	(…	(6…	(52)	(…	30	包含框架柱、转换柱
剪力墙	(三级抗震)	C35	普通混凝土			(29)	(28/…	(34…	(4…	(…	(35)	(…	(…	(4…	(44)	(…	(15)	剪力墙
人防门框墙	(三级抗震)	C35	普通混凝土			(29)	(28/…	(34…	(4…	(…	(41)	(…	(…	(5…	(52)	(…	(15)	人防门框墙
墙柱	(三级抗震)	C35	普通混凝土			(29)	(28/…	(34…	(4…	(…	(41)	(…	(…	(5…	(52)		15	包含暗柱、端柱
地梁	(三级抗震)	C35	普通混凝土			(29)	(28/…	(34…	(4…	(…	(41)	(…	(…	(5…	(52)		15	包含连梁、暗梁、边框梁
框架梁	(三级抗震)	C30	普通混凝土			(30)	(30/…	(37…	(4…	(…	(45)	(…	(…	(6…	(52)		25	包含楼层框架梁、楼层框架扁梁、屋面框架梁、框支梁、楼层主肋梁、屋面主肋梁
非框架梁	(非抗震)	C30	普通混凝土			(30)	…	…	…	…	(42)	…	…	…	(49)		25	包含非框架梁、井字梁、基础联系梁、次肋梁
现浇板	(非抗震)	C30	普通混凝土			(30)	…	…	…	…	(42)	…	…	…	(49)		(15)	包含现浇板、螺旋板、柱帽、空心楼盖板、空心楼盖柱帽、空挡
楼梯	(非抗震)	C30	普通混凝土			(30)	…	…	…	…	(42)	…	…	…	(49)		(20)	包含楼梯、直形梯段、螺旋梯段
构造柱	(非抗震)	C25	普通混凝土			(36)	(35/…	(42…	(5…	(…	(50)	(…	(…	(7…	(59)		30	构造柱
圈梁/过梁	(非抗震)	C25	普通混凝土			(36)	(35/…	(42…	(5…	(…	(50)	(…	(…	(7…	(59)		30	包含圈梁、过梁
砌体墙柱	非抗震	C25	普通混凝土	M5.0	混合砂浆	(34)	(33/…	(40…	(4…	(…	(48)	(…	(…	(6…	(56)		30	包含砌体柱、砌体墙
其它	(非抗震)	C15	普通混凝土	M5.0	混合砂浆	(39)	(38/…	(40…	(4…	(…	(55)	(…	(…	(6…	(63)		(25)	包含除以上构件类型之外的所有构件类型

图 3-30

根据结构设计说明，本工程基础、基础梁根据相关图集中条款规定，属于非抗震结构；混凝土强度等级基础垫层为 C15，基础、框架柱、结构梁板、楼梯为 C30，构造柱、过梁、圈梁为 C25；保护层厚度基础 50mm、柱 30mm、梁 25mm、板 15mm。

注意：

① 基础层与首层楼层编码及其名称不能修改。

② 凡与默认值不同，经过修改软件内容均自动设置为黄色。

③ 建立楼层必须连续。

④ 顶层必须单独定义（涉及屋面工程量计算的问题）。

⑤ 软件中的标准层指每一层的建筑部分相同、结构部分相同、每一道墙体的混凝土强度等级及砂浆强度等级相同、每一层的层高相同。

楼层默认钢筋设置如图 3-31 所示。

锚固						搭接					
HPB235(A)…	HRB335(B)H…	HRB400…	HRB5…	冷轧	冷轧扭	HPB…	HRB3…	HRB40…	HRB5…	冷轧带肋	冷轧扭
(39)	(38/42)	(40/44)	(48/53)	(45)	(45)	(55)	(53/59)	(56/62)	(67/74)	(63)	(63)
(30)	(29/32)	(35/39)	(43/47)	(35)	(35)	(42)	(41/45)	(49/55)	(60/66)	(49)	(49)
(30)	(29/32)	(35/39)	(43/47)	(35)	(35)	(42)	(41/45)	(49/55)	(60/66)	(49)	(49)
(32)	(30/34)	(37/41)	(45/49)	(37)	(35)	(45)	(42/48)	(52/57)	(63/69)	(52)	(49)
(29)	(28/32)	(34/37)	(41/45)	(37)	(35)	(35)	(34/38)	(41/44)	(49/54)	(44)	(42)
(29)	(28/32)	(34/37)	(41/45)	(37)	(35)	(41)	(39/45)	(48/52)	(57/63)	(52)	(49)
(29)	(28/32)	(34/37)	(41/45)	(37)	(35)	(41)	(39/45)	(48/52)	(57/63)	(52)	(49)
(32)	(30/34)	(37/41)	(45/49)	(37)	(35)	(45)	(42/48)	(52/57)	(63/69)	(52)	(49)
(30)	(29/32)	(35/39)	(43/47)	(35)	(35)	(42)	(41/45)	(49/55)	(60/66)	(49)	(49)
(30)	(29/32)	(35/39)	(43/47)	(35)	(35)	(42)	(41/45)	(49/55)	(60/66)	(49)	(49)
(30)	(29/32)	(35/39)	(43/47)	(35)	(35)	(42)	(41/45)	(49/55)	(60/66)	(49)	(49)
(36)	(35/38)	(42/46)	(50/56)	(42)	(40)	(50)	(49/53)	(59/64)	(70/78)	(59)	(56)
(36)	(35/38)	(42/46)	(50/56)	(42)	(40)	(50)	(49/53)	(59/64)	(70/78)	(59)	(56)
(34)	(33/36)	(40/44)	(48/53)	(40)	(40)	(48)	(46/50)	(56/62)	(67/74)	(56)	(56)
(39)	(38/42)	(40/44)	(48/53)	(45)	(45)	(55)	(53/59)	(56/62)	(67/74)	(63)	(63)

图 3-31

（3）土建设置

① 计算设置。计算设置指土建部分的清单和定额计算设置，在新建工程时已选取过清

单规则和定额规则，若工程图纸中有特殊规定请按图纸更改，具体内容如图 3-32 所示。

图 3-32

② 计算规则。计算规则指土建部分的清单和定额计算规则，软件已根据新建工程时设置的清单规则和定额规则默认设置，若工程图纸中有特殊规定请按图纸更改，具体内容如图 3-33 所示。

图 3-33

（4）钢筋设置

钢筋设置包括计算设置、比重设置、弯钩设置、损耗设置、弯曲调整值设置，软件均已根据平法图集进行默认设置，这里不再详述，仅就计算设置中的"搭接设置"举例说明。钢筋的锚固连接方式需认真阅读结构设计说明中有关规定，例如本工程中规定钢筋连接优先选用机械连接；钢筋直径≤14mm 时，宜采用搭接，钢筋直径≥14mm 且钢筋直径≤25mm 时，可采用焊接，如图 3-34 所示。

2.关于钢筋锚固连接：
　(1) 钢筋的接头设置在构件受力较小部位宜避开梁端、柱端箍筋加密区范围。钢筋连接可采用机械连接，绑扎搭接或焊接。其接头的类型及质量应符合国家现行有关标准的规定。
　(2) 板内钢筋优先采用搭接接头；梁柱纵筋优先采用机械连接接头，机械连接接头性能等级为Ⅱ级。
　(3) 钢筋连接优先选用机械连接，然后是搭接和焊接；采用焊接时，应有可靠的质量保证。钢筋直径≤14时，宜采用搭接，钢筋直径>14且钢筋直径≤25时，可采用焊接，钢筋直径>25时，应采用机械连接。

图 3-34

钢筋的计算设置中"搭接设置"如图 3-35 所示。

图 3-35

(5) 比重设置

比重设置对钢筋质量的计算是有影响的，需要准确设置。直径为 6mm 的钢筋，一般用直径为 6.5mm 的钢筋代替，即把直径为 6mm 的钢筋的比重修改为直径为 6.5mm 的钢筋比重，可通过在表格中复制、粘贴完成，如图 3-36 所示。

图 3-36

3.2.3.2　CAD 导图

(1) 基础知识

① CAD 导图步骤。添加图纸→分割图纸→定位图纸→识别楼层表→建立图纸楼层构件对应关系。

② 图纸管理工具栏。利用 CAD 识别功能进行钢筋、土建工程量的计算，必须先将 CAD 图导入 BIM 土建计量平台 GTJ2021 中来。平台共分 9 大模块，分别是开始、工程设置、建模、视图、工具、工程量、云应用、协同建模、IGMS，如图 3-37 所示。在"视图"模块的用户面板，找到"图纸管理"工具栏，该工具栏包括"添加图纸""分割图纸""定位图纸"和"删除图纸"四个按钮，如图 3-38 所示，如果有按钮没显示请点击"　"按钮。

图 3-37

图 3-38

在未导入任何图纸之前，只有"添加图纸"按钮是可用的，其它几个按钮都处于不可用状态，以灰色显示。要对图纸进行管理，首先必须将图纸导入到绘图工作区中来；导入图纸就是通过"添加图纸"功能来完成的。

③ CAD 识别选项。为了提高 CAD 识别的准确性，软件提供了 CAD 识别选项设置，可以通过"建模"模块下的"CAD 操作"中点击"CAD 识别选项"，如图 3-39 所示。

CAD 识别选项提供了 9 大类构件的 CAD 识别设置属性，可分别点击查看，如图 3-40 所示。这些属性设置的正确与否直接关系到构件识别的准确率，在识别构件的过程中可以根据图纸的规范程度随时修改各构件的属性设置，一般情况下不需修改。

图 3-39

	属性名称	属性值
墙	最大洞口宽度(mm)	500
门窗洞	平行墙线宽度范围(mm)	500
梁	平行墙线宽度误差范围(mm)	5
柱	墙端头相交延伸误差范围(mm)	100
独立基础	墙端头与门窗相交延伸误差范围(水平)(mm)	100
桩承台	墙端头与门窗相交延伸误差范围(垂直)(mm)	100
桩		
板筋		
筏板筋		

图 3-40

(2) CAD 导图

1) 添加图纸　本案例中，找到"专用宿舍楼"工程的建筑与结构施工图，先导入结施图，再导入建施图，要进行两次添加图纸的操作才能完成。

① 添加结构施工图。点击"添加图纸"按钮，选中"专用宿舍楼-结施.dwg"，点击"打开"，如图 3-41 所示。

图 3-41

② 添加建筑施工图。再次点击"添加图纸"按钮，导入"专用宿舍楼-建施.dwg"，同时工作区中的图纸被替换成了建筑施工图，如图 3-42 所示。

图 3-42

2）分割图纸

① 自动分割图纸。首先，在"图纸管理"的图纸名称中选中"专用宿舍楼-结施"，点击"图纸管理"工具栏中的"分割"-"自动分割"按钮，软件自动对图纸进行分割，如图 3-43 所示。

图 3-43

如有图纸未被正确分割，可能是图纸没有名称或名称不规范，也有可能有些图纸在算量中不会被使用，没有必要分割，只把需要的分出来即可。这类未被正确分割图纸就必须采用手动分割的方式来完成图纸分割。

② 手动分割图纸。在"图纸管理"的图纸名称中选中"专用宿舍楼-建施"，点击"图纸管理"工具栏中的"分割"-"手动分割"按钮，框选希望被分割出的图纸，出现黄色边框，点击鼠标右键确认，弹出"手动分割"对话框，点击"确定"即可，如图 3-44 所示。

图 3-44

③ 修改图纸名称。手动分割时，如果图名不符合需要，例如想识别"门窗表"，但该表识别出来的名称叫"专用宿舍楼-建施-1"，不符合需要，此时将鼠标放在想识别的图名"门窗表"上，鼠标变为"回"形，点击左键确定，图名变为"门窗表"，点击"确定"，如图 3-45 所示。

门窗表

类别	门窗名称	洞口尺寸	门窗数量	备注
窗	C-1	1200×1350	4	墨绿色塑钢窗 中空玻璃
	C-2	1750×2850	48	墨绿色塑钢窗 中空安全玻璃
	C-3	600×1750	46	墨绿色塑钢窗 中空玻璃
	C-4	2200×2550	4	墨绿色塑钢窗 中空安全玻璃
门	M-1	1000×2700	40	塑钢门
	M-2	1500×2700	6	塑钢门
	M-3	800×2100	40	塑钢门
	M-4	1750×2700	44	墨绿色塑钢中空安全玻璃门 立面分格详建施9
	M-5	3300×2700	2	墨绿色塑钢中空安全玻璃门 立面分格详建施9
防火门	FHM乙	1000×2100	2	乙级防火门，向有专业资质的厂家定制
	FHM乙-1	1500×2100	2	乙级防火门，向有专业资质的厂家定制
防火窗	FHC	1200×1800	2	乙级防火窗，向有专业资质的厂家定制（距地600mm）
	JD1	1800×2700	2	洞口高2700mm
	JD2	1500×2700	2	洞口高2700mm

注：门窗数量以实际工程为主，此表仅供参考。

图 3-45

④ 删除图纸。删除图纸的操作过程如下：

点击要删除的图纸（如正背立面图），点击"删除图纸"按钮；点击"是"按钮，删除选中图纸，如图3-46所示；点击"否"，取消删除操作。

3）定位图纸 定位图纸的目的是为了使不同楼层上下的构件能相互对应，都能找到基准点，这是用BIM进行三维算量的前提。软件一般对分割好的图纸，凡有轴网的都在图纸左下角"1"轴和"A"轴交叉点自动有定位。但有时不同楼层间定位不一致，此时点击"定位图纸"按钮，鼠标以黄色"口"字形显示。点中想让定位点移动到的位置，再去点中原来的定位点，"×"将会自动移动到选中位置，如图3-47和3-48所示。

图 3-46

图 3-47

图 3-48

4）识别楼层表建立新楼层 通过识别楼层表新建楼层需要提取"楼层名称""层底标高"和"层高"三项内容，本工程具体操作步骤如下。

① 双击含有楼层信息表的 CAD 图（本例为结构设计总说明），将其调入绘图工作区并将结构楼层信息表的部分调整到适当大小，如图 3-49 所示。

类型 楼层	标高	结构层高	单位	备注
首层	−0.050	3.6	m	−0.050为梁顶标高
二层	3.550	3.650	m	
屋顶层	7.200	3.6	m	
楼梯屋顶层	10.800			

图 3-49

② 点击工具栏上的"识别楼层表"，鼠标拉框选择楼层信息表，右键确认，弹出如图 3-50 所示的"识别楼层表"对话框。

③ 正确选择列对应关系。"识别楼层表"第一行的前三列应分别显示名称、底标高和层高，其与楼层信息表前三列的内容需一致，若不一致，则需要重新选择对应关系。"单位"列和"备注"列不需要，识别的第一行在软件中配置的表头已经存在，因此把这后两列及第一行删除，如图 3-51 所示。之后点击"识别"按钮，软件给出楼层信息表识别完毕提示框。

图 3-50

图 3-51

也可到"工程设置"模块的"基本设置"，点击"楼层设置"，内容与手动建立楼层一致，如图 3-52 所示，这两种方法均可采用。

图 3-52

5）图纸楼层关系对应　以"二层板配筋图"为例，图纸楼层手动对应的步骤如下。

① 鼠标左键点击该图"对应楼层"列直到右端出现"⌷⌷⌷"按钮。

② 点击此按钮，出现"对应楼层"选择框。

③ 勾选"首层"前的复选框，点击"确定"按钮，图纸楼层对照表如图 3-53 所示，这样二层板配筋图被正确对应到首层的板构件。

图 3-53

3.2.3.3　识别轴网

(1) 基础知识

① 轴网介绍。轴网是建筑制图的主体框架，建筑物的主要支承构件按照轴网定位排列，达到井然有序的目的。轴网分直轴网、斜交轴网和弧线轴网。轴网由定位轴线（建筑结构中的墙或柱的中心线）、标志尺寸（用标注建筑物定位轴线之间的距离大小）和轴号组成。

② 轴网 CAD 识别绘制。用 CAD 识别轴网的一般流程为：提取轴线→提取标注→识别。

③ 查找替换、设置比例、轴网二次编辑。CAD 图纸中有些标注不规范，如在本工程图纸说明中规定"K8"表示"Φ 8@200"钢筋，则在"建模"中"CAD 操作"使用"查找替换"功能，如图 3-54 所示，将"K8"替换为"C8@200"，软件即可自动识别该钢筋，如图 3-55 所示。

图 3-54

图 3-55

有些 CAD 图纸的实际尺寸与图示尺寸不符，例如图示尺寸是"1800"，实际尺寸经过"工具"模块中"测量"–"测量距离"是"3600"，如图 3-56、图 3-57 所示。

图 3-56

此时，可采用"建模"模块中"CAD操作"采用"设置比例"，将实际尺寸也调整成"1800"，使之与图示尺寸一致。调整之后，图中其它所有尺寸都跟随修改，如图 3-58、图 3-59、图 3-60 所示。

图 3-57

图 3-58

图 3-59

图 3-60

另外，如果图形比较复杂，识别轴网有个别问题，可以通过"建模"-"轴网二次编辑"中有关命令修改，如图 3-61 所示。

④ 图层管理。当 CAD 图纸被调入到工作区时，软件默认打开 CAD"图层管理"工具栏，如图 3-62 所示。该工具栏中显示两个分类图层，一个是"CAD 原始图层"，"√"表示显示 CAD 底图；另一个是"已提取的 CAD 图层"，"√"表示显示已经被提取的 CAD 内容；不打"√"表示不显示相应内容。

图 3-61

图 3-62

⑤ 界面管理。界面管理指"视图"模块中"用户面板"，如图 3-63 所示，其包含众多用

户希望在电脑界面上显示或隐藏的内容,为方便后续学习现作简要介绍。

图 3-63

"导航树"显示构件类型可以展开收起,如图 3-64 所示;"构件列表"显示已经识别出的 CAD 构件或用软件绘制出的构件,如图 3-65 所示;"属性列表"显示"构件列表"中已选中构件的性质,如图 3-66 所示;"图纸管理"显示所有 CAD 导图进来和分割后的图纸,如图 3-67 所示;"图层管理"显示"图纸管理"中已选中图纸的"CAD 原始图层"和"已提取的 CAD 图层",如图 3-68 所示;若想恢复到软件默认设置的状态,需点击"恢复默认"。

图 3-64   图 3-65   图 3-66
                 图 3-67   图 3-68

简而言之,"图层管理"为"图纸管理"服务,"属性列表"为"构件列表"服务。

(2) 识别轴网

1) 提取轴线边线 专用宿舍楼工程提取轴线边线的操作步骤如下。

① 在"图纸管理"中的图纸文件列表下,双击"一层平面图",将其调入绘图工作区。

② 在"建模"模块下,点击模块导航栏中的"轴网",菜单栏中显示"识别轴网"选项,如图 3-69 所示,点击,绘图区左上角出现选择方式对话框,如图 3-70 所示。

图 3-69   图 3-70

③ 点击"提取轴线",按照软件状态栏中的提示选择任意一条轴线,所有轴线变成虚

线，处于被选中状态并高亮显示，如图3-71所示。

图 3-71

④ 右键确认，所有轴线从CAD图中消失，并被存放到"已提取的CAD图层"中。

⑤ "提取轴线""提取标注"均可按"单图元选择""按图层选择""按颜色选择"，一般选"按图层选择"。在提取轴线和提取轴线标识的过程中，如果轴线的各个组成部分在同一个图层中或用同一种颜色进行绘制，则只需一次提取即可；如果轴线包括的部分不在一个图层中或未用同一种颜色绘制，则需要依次点击标识所在的各个图层或各种颜色，直到将所有的轴线标识全部选中。

2）提取轴线标识　本工程提取轴线标识的步骤如下。

① 点击识别轴网对话框中的"提取轴线标识"，出现"图线选择方式"对话框，选择"按图层选择"，鼠标左键依次点击轴线的组成部分，如图3-72所示。

② 鼠标右键确认，轴线标识从图中消失，出现如图3-73所示的界面，此时轴线标识被存放到"已经提取的CAD图层"中。

图 3-72

图 3-73

3）识别轴网　点击"自动识别"按钮，弹出"自动识别""选择识别""识别辅轴"三个选择。

"自动识别"用于自动识别CAD图中的轴线，自动完成轴网的识别，一般工程选择这个选项即可。"选择识别"用于手动识别CAD图中的轴线，该功能可以将用户选定的轴线识别成主轴线。"识别辅轴"可以手动识别CAD图中的辅助轴线。轴网复杂的图纸可以应用"选择识别"和"识别辅轴"。本工程选用"自动识别"，识别结果点击"导航栏"-"轴线"-"轴网"，在绘图区显示，如图3-74所示。

图 3-74

至此已经完成了轴网的识别工作，下面可以识别结构实体构件，进行钢筋算量。

3.2.4　任务总结

(1) 工程信息设置

其中所选择的计算规则、清单定额库和钢筋规则，结构类型、抗震等级、层高设置等对工程量计算具有决定性影响，因此一定要学懂16G平法规则，熟读图纸，保证取值正确。

把"楼层混凝土强度和锚固搭接设置"中的内容"复制到其它楼层"，需根据实际情况进行修改。需要注意的是，在楼层列表中选择哪一层，下面显示的就是该层的楼层混凝土强度和锚固搭接设置，不同的层对应不同的表。

(2) CAD 导图

分割图纸是采用自动分割还是手动分割需看图纸的正确性，正确性欠佳的需采用手动分割，并注意修改图纸名称。分割好的各层平面图纸注意定位到一致的基准点，以免产生错位。CAD识别的楼层数据要与原CAD图纸对照，保证准确。

(3) 识别轴网

采用CAD识别方法识别轴网后，要将轴线数量、位置、名称与原CAD图纸对照，如果有遗漏用手动方式补齐。如果是复杂轴网也可以手动识别。

3.2.5　思考与练习

请结合案例图纸思考以下问题。

(1) 本工程结构类型是什么？抗震等级及设防烈度是多少？

(2) 本工程的不同位置混凝土构件的混凝土强度等级是多少？有无抗渗等特殊要求？

（3）本工程钢筋保护层有什么特殊要求？钢筋接头及搭接有无特殊要求？

（4）本工程砌体的类型及砂浆强度等级是多少？

（5）哪些参数会影响到后期的计算结果？

（6）分割后的图纸上在同一图框内还有多张图纸如何再分割？

（7）识别楼层表时需要注意哪些事项？

（8）讨论弧形轴网的定义及绘制方法。

（9）思考拼接轴网的绘制方法。

3.3 BIM 基础工程工程计量

学习目标

1. 能够正确定义并绘制基础，计算钢筋工程量、混凝土及模板工程量；
2. 能够正确套用基础的清单项目和定额子目。

学习要求

1. 具备相应基础钢筋平法知识，能读懂基础图纸；
2. 了解钢筋混凝土基础的施工工艺；
3. 熟悉基础的工程量清单和定额计算规则。

3.3.1 任务说明

① 完成案例《BIM算量一图一练》专用宿舍楼图纸中独立基础的工程量计算。

② 完成专用宿舍楼独立基础的清单项目和定额子目套用。

3.3.2 任务分析

（1）图纸分析

完成本任务需要分析基础的形式和特点。根据专用宿舍楼图纸结施-02的"基础平面布置图"可知，本工程的基础为钢筋混凝土的二阶独立基础，独立基础的底标高是－2.45m，并且有8种形状相似、尺寸不同的独基及垫层。具体信息如表3-1所示。

表 3-1 独立基础信息表

序号	类型	名称	混凝土 强度等级	阶高（下/上） /mm	截面信息（下/上） /（mm×mm）	底标高 /m
1		DJJ01	C30	250/200	2700×2700/2300×2300	－2.45
2		DJJ02	C30	300/250	3200×3200/2800×2800	－2.45
3		DJJ03	C30	350/250	3900×2800/3500×2400	－2.45
4	独立基础	DJJ04	C30	350/250	3600×3600/3000×3000	－2.45
5		DJJ05	C30	350/250	3100×3800/2700×3400	－2.45
6		DJJ06	C30	300/250	2900×4800/2500×4400	－2.45
7		DJJ07	C30	350/250	3600×5600/3200×5200	－2.45
8		DJJ08	C30	400/300	4400×6400/4000×6000	－2.45

（2）绘制分析

通过对结施-02的分析可知，本工程中有 8 个二阶型独立基础，编号分别为 DJ$_J$01～DJ$_J$08，同时也有详细的属性标注，其中 DJ$_J$01、DJ$_J$03、DJ$_J$04、DJ$_J$05 和 DJ$_J$08 只标注了名称。在识别时下脚标中的"J"不能识别，所以应该先进行批量替换，将"DJ"替换为"DJJ"后再进行识别。

各独立基础单元的高度和配筋信息各不相同，通过识别独立基础只能识别出这些独立基础的平面位置，而不能确定各独立基础单元层的具体属性。因此，可先新建独立基础及顶底单元并修改其属性，再进行独立基础的识别。

3.3.3　任务实施

3.3.3.1　相关平法知识

（1）基础的分类

基础有多种形式，包括独立基础、桩基础、条形基础、筏板基础等。

基础平法施工图，有平面注写与截面注写两种表达方式。图纸中常见的平面注写方式如图 3-75 所示，截面注写方式如图 3-76 所示。不同基础的平面注写方式，具体内容详见相关图集。

图 3-75　　　　　　　　　　　　　　图 3-76

① 独立基础。建筑物上部结构采用框架结构或单层排架结构承重时，基础常采用圆柱形和多边形等形式的独立基础；独立基础又分为阶形基础、坡形基础、杯形基础三种形式。独立基础的表示形式如表 3-2 所示。

表 3-2　独立基础类型

类型	基础底板截面形状	代号	序号
普通独立基础	阶形	DJJ	××
	坡形	DJP	××
杯口独立基础	阶形	BJJ	××
	坡形	BJP	××

② 桩基础。一般在高层建筑中，桩基础应用广泛，桩基础由基桩和连接桩顶的承台共同组成。若桩身全部埋于土中，承台底面与土体接触，称为低承台桩基；若桩身上部露出地面而承台底位于地面以上，则称为高承台桩基。建筑桩基通常为低承台桩基础。

③ 条形基础。指基础长度远远大于宽度的一种基础形式。按上部结构不同分为墙下条形基础和柱下条形基础。条形基础的长度大于或等于10倍基础的宽度。条形基础的特点是，布置在一条轴线上且与两条以上轴线相交，有时也和独立基础相连，但截面尺寸与配筋不尽相同。

④ 筏板基础。筏板基础由底板、梁等整体组成。建筑物荷载较大，地基承载力较弱，常采用混凝土底板承受建筑物荷载，形成筏基，其整体性好，能很好地抵抗地基不均匀沉降。

（2）基础绘制流程

本工程基础为二阶独立基础（以下简称"独基"），可以先定义构件，再识别构件的位置生成图元。识别独立基础的流程为：提取独基边线→提取独基标识→识别→校核独基图元。

操作基本步骤：

① 选择要识别的楼层，如"基础层"，点击模块导航栏"基础"-"独立基础"。

② 导入"基础平面布置图"。

③ 点击"建模"模块-"定义"，新建独立基础、独立基础单元。

④ 点击"建模"模块-"识别独立基础"。

⑤ 提取独基边线。

⑥ 提取独基标识。

⑦ 自动识别独立基础、校核独基图元。

3.3.3.2 基础绘制

（1）批量替换独立基础名称

切换到基础层，双击"基础平面布置图"，将其调入绘图工作区；点击工具栏"查找替换"，弹出查找替换窗口，在"查找内容"框内填写"DJ"，在"替换为"框内填写"DJJ"，如图3-77所示，点击"全部替换"按钮，完成名称的替换。图纸上基础编号也变为如图3-78所示样式，DJ全部被替换为DJJ。

图 3-77

图 3-78

值得注意的是，对独立基础名称进行批量替换后，需要调整CAD识别选项中独立基础的属性值，增加独立基础代号为"DJJ"的识别标识，如图3-79、图3-80所示。

图 3-79

图 3-80

(2) 新建独立基础构件

1) 定义独立基础 本案例图纸中的基础是独立基础。以 DJJ01 为例，在定义界面下，点击模块导航栏里面的基础，在基础下选择"独立基础"，单击"新建"按钮下的"新建独立基础"。再点击"新建"按钮下的"新建矩形独立基础单元"，生成顶、底两个单元，如图 3-81 所示。

图 3-81

2) 属性编辑

① 基础名称：软件默认按 DJ-1、DJ-2 顺序生成，可根据图纸实际情况，手动修改名称。此处按名称 DJJ-01 输入即可。

② 底层的截面长度和截面宽度：按图纸输入"2700""2700"。底层高度：250mm。

③ 横向受力筋：此处输入"Φ12@150"。

④ 纵向受力筋：此处输入"Φ12@150"，如图 3-82 所示。

⑤ 由于独立基础顶部单元无钢筋配置，只需要输入尺寸即可。顶层截面长度和截面宽度：按图纸输入"2300""2300"。顶层高度：200mm，如图 3-83 所示。

	属性名称	属性值	附加
1	名称	DJJ01-1	
2	截面长度(mm)	2700	☐
3	截面宽度(mm)	2700	☐
4	高度(mm)	250	☐
5	横向受力筋	Φ12@150	☐
6	纵向受力筋	Φ12@150	☐
7	短向加强筋		☐
8	顶部柱间配筋		☐
9	材质	现浇混凝土	
10	混凝土类型	(普通混凝土)	☐
11	混凝土强度等级	(C30)	☐
12	混凝土外加剂	(无)	
13	泵送类型	(混凝土泵)	
14	相对底标高(m)	(0)	☐
15	截面面积(m²)	7.29	☐
16	备注		☐
17	⊞ 钢筋业务属性		
21	⊞ 土建业务属性		
26	⊞ 显示样式		

图 3-82

	属性名称	属性值	附加
1	名称	DJJ01-2	
2	截面长度(mm)	2300	☐
3	截面宽度(mm)	2300	☐
4	高度(mm)	200	☐
5	横向受力筋		☐
6	纵向受力筋		☐
7	短向加强筋		☐
8	顶部柱间配筋		☐
9	材质	现浇混凝土	
10	混凝土类型	(普通混凝土)	☐
11	混凝土强度等级	(C30)	☐
12	混凝土外加剂	(无)	
13	泵送类型	(混凝土泵)	
14	相对底标高(m)	(0.25)	☐
15	截面面积(m²)	5.29	☐
16	备注		☐
17	⊞ 钢筋业务属性		
21	⊞ 土建业务属性		
26	⊞ 显示样式		

图 3-83

💡 **说明**：① 在软件中，用 A、B、C、D 分别代表一、二、三、四级钢筋，输入"4B22"表示 4 根直径 22mm 的二级钢筋。软件中箍筋输入时，可以用"一"来代替"@"输入，使输入更方便。

② 蓝色属性是构件的公有属性，在"属性值"中修改，会对图中所有同名构件生效；黑色属性为私有属性，修改时，只是对选中构件生效。

可根据同样的方法和图纸中基础的平法标注，完成基础层其它基础的属性定义。

（3）识别独立基础

1）提取独基边线　点击"建模"界面"识别独立基础"菜单，如图3-84所示，点击其中"识别独立基础"命令，在绘图区左上角出现选择方式对话框，如图3-85所示。点击"提取独基边线"，按照软件默认的图线选择方式和软件状态栏的提示，选择任意一个独立基础的外边线，则所有独立基础边线被选中并高亮显示，右键确认选择，所有独立基础边线全部消失并被保存到"已经提取的CAD图层"中。

图 3-84

图 3-85

2）提取独基标识　点击"提取独基标识"，按照软件默认的图线选择方式和软件状态栏的提示，选择任意一个独立基础的标识，则所有独立基础标识被选中并高亮显示，右键确认选择，所有独立基础标识全部消失并被保存到"已经提取的CAD图层"中。

3）识别独立基础

① 点击"点选识别"-"自动识别"，软件弹出识别完成提示，共识别到29个独立基础图元；

图 3-86

② 点击"确定"，弹出"校核通过"提示，并自动布置在图示位置。

4）校核独基图元　点击"校核独基图元"，如显示"校核通过"即可。独立基础识别完成后，基础层构件如图3-86所示。

3.3.3.3　独立基础构件做法套用

独立基础构件定义好后，需要进行做法套用，才能计算对应清单、定额工程量。

（1）工程量清单和定额计算规则

① 清单计算规则见表3-3。

表 3-3　独立基础清单计算规则

项目编码	项目名称	计量单位	计算规则
010501003	独立基础	m³	按设计图示尺寸以体积计算，不扣除伸入承台基础的桩头所占体积
011702001	基础	m²	按模板与现浇混凝土构件的接触面积计算

② 定额计算规则见表3-4。

表3-4　独立基础定额计算规则

编号	项目名称	计量单位	计算规则
5-1-6	独立基础	m³	按图示尺寸以体积计算
18-1-15	复合木模板	m²	按模板与现浇混凝土构件的接触面积计算

下面以（底）DJJ01-1为例简述独立基础、模板的清单及定额套用。

（2）独立基础清单套用

第一步，在"建模"模块"通用操作"页签下点击"▦定义"功能，选中对应构件列表新建好的独立基础构件。

第二步，选中独立基础DJJ01构件，左键双击弹出"定义"界面，切换到"构件做法"下方，套取相应的混凝土清单，点击"查询匹配清单"页签，弹出匹配清单列表，软件默认的是"按构件类型过滤"，如图3-87所示。在匹配清单列表中双击"010501003"独立基础，软件自动完善后三位编码，

图 3-87

单位m³，此为清单项目混凝土体积，将其添加到做法表。也可在点击"添加清单"后直接在"编码"栏中输入010501003001。

第三步，描述项目特征根据《房屋建筑与装饰工程工程量计算规范》（GB 50854—2013）规定：独立基础混凝土项目特征，需描述混凝土的种类和强度等级两项内容。

在项目特征列表中添加"混凝土种类"的特征值为"商品混凝土"，"混凝土强度等级"的特征值为"C30"。填写完成后的基础混凝土的项目特征如图3-88所示。也可通过点击清单对应的项目特征列；再点击三点按钮，弹出"编辑项目特征"的对话框，填写特征值，然后点击确定，如图3-89所示。

<table>
<tr><td colspan="2">

查询匹配清单 ×	查询匹配定额 ×	查询清单库 ×	查询定额库 ×	项目特征 ×

	特征	特征值	输出
1	混凝土种类	商品混凝土	☑
2	混凝土强度等级	C30	☑

图 3-88
</td><td>

编辑项目特征

1.混凝土种类:商品混凝土
2.混凝土强度等级:C30

图 3-89
</td></tr>
</table>

独立基础清单如图3-90所示。

图 3-90

（3）独立基础定额套用

在《山东省建筑工程消耗量定额》（2016版）中对于独立基础混凝土明确要求：按设计图示尺寸以体积计算，不扣除构件内钢筋、预埋铁件和伸入承台基础的桩头所占体积。

点击"查询匹配定额"页签，软件默认的是"按构件类型过滤"过滤出对应的定额，如

图 3-91 所示；在匹配定额列表中双击"5-1-6"定额子目，将其添加到清单"010501003001"项下。

图 3-91

（4）独立基础模板清单及定额套用

对于基础的混凝土模板描述，根据《房屋建筑与装饰工程工程量计算规范》（GB 50854—2013）推荐的特征值，其只有基础类型，具体的操作如下。

第一步，套用基础模板清单。点击"查询匹配清单"页签，匹配清单列表中的"011702001"，名称为基础模板。或选中清单项目"011702001"。

第二步，填写项目特征值。点击工具栏上"项目特征"，在"项目特征列表"中填写"基础类型"的特征值为"独立基础"，如图 3-92 所示；或者通过点击清单对应的项目特征列，再点击三点按钮，弹出"编写项目特征"的对话框，填写特征值，然后点击确定，如图 3-93 所示。

图 3-92

图 3-93

第三步，套用基础模板定额。点击"查询匹配定额"页签，软件默认的是"按构件类型过滤"过滤出对应的定额 18-1-15，或直接输入对应定额，名称是"独立基础　复合模板"，其单位为 m²，将其添加到做法表中，观察其表达式说明为"MBMJ〈模板面积〉"，如图 3-94 所示。

图 3-94

（5）做法刷复用到其它基础构件

将独立基础的清单项目及定额子目套用好之后，可将其做法复用给其它构件，使用"做法刷"功能。

将独立基础的清单和定额项目全部选中，如图 3-95 所示。点击"构件做法"的菜单栏中"做法刷"，此时软件弹出"做法刷"提示框，界面左端出现可供选择的构件名称，还可以选择按"覆盖"或"追加"的添加方式，如图 3-96 所示。

图 3-95

图 3-96

如此，将所有的独立基础都套用相应的做法，可以计算钢筋量，也可以计算混凝土体积和模板面积。

3.3.3.4　工程量汇总计算及查量

点击"工程量"模块-"汇总"，可以通过"汇总计算"选择计算的工程量范围，也可以先选择要汇总的图元，点击"汇总选中图元"，如图 3-97 所示，完成计算汇总。

图 3-97

土建计算结果可以有两种查量方式，选中想查看的构件图元，以如图 3-98 所示全部独立基础为例，点击"工程量"模块-"土建计算结果"-"查看工程量"，"构件工程量"如图 3-99 所示。"做法工程量"如图 3-100 所示。

图 3-98

	楼层	名称		工程量名称						
				数量(个)	脚手架面积(m2)	体积(m3)	模板面积(m2)	底面面积(m2)	侧面面积(m2)	顶面面积(m2)
1	基础层	DJJ01	DJJ01	5	0	0	0	0	0	0
2			DJJ01-1	0	0	9.1125	13.5	36.45	23.5	0
3			DJJ01-2	0	0	5.29	9.2	0	9.2	25.2
4		DJJ02	DJJ02	1	0	0	0	0	0	0
5			DJJ02-1	0	0	3.072	3.84	10.24	11.84	0
6			DJJ02-2	0	0	0.56	1.8	0	1.8	1.99
7		DJJ03	DJJ03	2	0	0	0	0	0	0
8			DJJ03-1	0	0	7.644	9.38	21.84	14.42	0
9			DJJ03-2	0	0	4.2	5.9	0	5.9	16.3
10		DJJ04	DJJ04	10	0	0	0	0	0	0
11			DJJ04-1	0	0	45.36	50.4	129.6	140	0
12			DJJ04-2	0	0	10	20	0	20	37
13		DJJ05	DJJ05	4	0	0	0	0	0	0
14			DJJ05-1	0	0	16.492	19.32	47.12	29.72	0
15			DJJ05-2	0	0	9.18	12.2	0	12.2	35.12
16		DJJ06	DJJ06	1	0	0	0	0	0	0
17			DJJ06-1	0	0	4.176	4.62	13.92	9.36	0
18			DJJ06-2	0	0	2.295	3.05	0	3.05	8.68
19		DJJ07	DJJ07	1	0	0	0	0	0	0
20			DJJ07-1	0	0	7.056	6.44	20.16	9.96	0
21			DJJ07-2	0	0	4.16	4.2	0	4.2	16.14
22		DJJ08	DJJ08	5	0	0	0	0	0	0
23			DJJ08-1	0	0	56.32	43.2	140.8	64	0
24			DJJ08-2	0	0	36	30	0	30	116.7
25	小计			29	0	220.9175	237.05	420.13	389.15	257.13
26	合计			29	0	220.9175	237.05	420.13	389.15	257.13

图 3-99

钢筋计算结果可以通过"查看钢筋量""钢筋三维""编辑钢筋"三种方式来查看。选中一个DJJ01图元，点击"工程量"模块-"钢筋计算结果"-"查看钢筋量"，可以看到这一个独立基础在基础层的钢筋总重量和不同级别、不同直径钢筋重量，如图3-101所示。

点击"钢筋三维"可以查看钢筋在结构中的形状、排列和直径的差别，直观形象观察钢筋，如图3-102所示。"编辑钢筋"页面如图3-103所示，可以查看某一构件中钢筋筋号、直径、级别、图形、计算公式、长度、根数、质量等重要信息。

图 3-100

图 3-101

图 3-102

图 3-103

如此，三种查量方式都可以查看专用宿舍楼的钢筋量，各方法各有特色，可以根据需要选用。

3.3.4 总结拓展

3.3.4.1 任务总结

本节主要介绍了识别独立基础的流程以及具体操作方法和步骤。从案例工程的操作可以看到，CAD识别只能确定图元位置。当图中的名称与构件定义不同时，则会识别成另一种新构件，需要进行改名等操作才能达到目的。

3.3.4.2 拓展延伸

实际工程中桩基也是常用的一种基础形式，软件识别步骤如下。

（1）提取桩边线

① 在"CAD草图"中导入CAD图。

② 点击导航条"CAD识别"-"识别桩"。

③ 点击绘图工具栏"提取桩边线"。

④ 利用"选择相同图层的CAD图元"或"选择相同颜色的CAD图元"的功能选中需要提取的桩边线CAD图元。

⑤ 点击鼠标右键确认选择，则选择的CAD图元自动消失，并存放在"已提取的CAD图层"中。

（2）提取桩标识

① 在完成提取桩边线的基础上，点击绘图工具栏"提取桩标识"。

② 利用"选择相同图层的CAD图元"或"选择相同颜色的CAD图元"的功能选中需要提取的桩标识CAD图元（此过程中也可以点选或框选需要提取的CAD图元）。

③ 点击鼠标右键确认选择，则选择的CAD图元自动消失，并存放在"已提取的CAD图层"中。

（3）识别桩

识别桩的方式有三种，自动识别、点选识别及框选识别。

① 自动识别。此功能可以将提取的桩边线和桩标识一次全部识别。其操作非常简单，只需要一步即可完成。在完成提取桩边线和提取桩标识操作后，点击绘图工具栏"识别桩"-"自动识别桩"，则提取的桩边线和桩标识被识别为软件的桩构件，并弹出识别成功的提示。

② 点选识别。此功能可以通过选择桩边线和桩标识的方法进行桩识别。点选识别的步

骤如下。

完成提取桩边线和提取桩标识操作后，点击绘图工具栏"识别桩"-"点选识别桩"，弹出如图 3-104 所示对话框；按照提示选择桩的标识，然后修改桩的类别、桩深度和顶标高属性，点击确定，对话框关闭。

如果 CAD 图上桩没有标识，可以手动输入桩标识。按照提示选择桩的边线，点击右键确定，完成桩的点选识别。然后可以点击确定退出点选识别命令，也可以重复上述步骤继续识别桩。

③ 框选识别。此功能可以通过选择桩边线和桩标识的方法进行桩识别操作，与"点选识别"方法一致，直接框识别即可，这里不再做赘述。

图 3-104

3.3.5　思考与练习

（1）识别独立基础的流程有哪几步？

（2）如何提取独立基础的边线和标识？

（3）如何点选识别独立基础？

（4）如何进行独立基础图元的校核？

（5）以阶形独立基础为例说明独立基础的 CAD 识别选项包括哪几项属性？

（6）以阶形独立基础为例说明如何替换独立基础的名称？

（7）独立基础混凝土清单需要描述哪几个项目特征？

（8）独立基础模板清单需要描述哪几个项目特征？

（9）完成案例工程的独立基础的识别、绘制、套做法以及工程量汇总。

3.4　BIM 主体工程工程计量

学习目标

1. 能够正确定义并绘制主体结构柱、梁、板，计算钢筋工程量、混凝土及模板工程量；
2. 能够正确套用主体结构的清单项目和定额子目。

学习要求

1. 具备相应主体结构柱、梁、板的钢筋平法知识，能读懂图纸；
2. 了解主体结构柱、梁、板的施工工艺；
3. 熟悉主体结构柱、梁、板的工程量清单和定额计算规则。

3.4.1　任务说明

① 完成案例《BIM 算量一图一练》专用宿舍楼图纸中主体结构柱、梁、板的工程量计算；

② 完成专用宿舍楼主体结构柱、梁、板的清单项目和定额子目套用。

3.4.2 任务分析

（1）柱图纸分析

专用宿舍楼工程中的柱子需要计算混凝土和模板的工程量。分析结施-03、结施-04，首层层高 3.6m。本层框架柱、构造柱、梯柱均为矩形，框架柱为 KZ1～KZ24，梯柱从施工的角度来分析，它的施工方法与框架柱相同，所以在本例中，梯柱按框架柱来处理。

（2）梁图纸分析

本工程中涉及的梁需计算混凝土和模板工程量，分析结施-06、结施-11，首层层高为 3.6m。本层楼层框架梁、非框架梁、梯梁均为矩形梁，楼层框架梁为 KL1～KL16，非框架梁为 L1～L11，梯梁从施工角度来说和框架梁的施工工艺相同，梯梁按照框架梁进行处理。

（3）板图纸分析

本工程中涉及的板需计算混凝土和模板工程量，分析结施-08、结施-11，首层层高为 3.6m，本层现浇板、休息平台板均为有梁板，H 代表楼层结构标高 3.55m，图纸中未注明的现浇板板厚为 100mm；K8 代表 φ8@200mm，如图 3-105 所示；对于首层卫生间区域的标高需单独调整标高，设置卫生间升降板处理，如图 3-106 所示。图纸中涉及现浇板主要信息如表 3-5 所示。

注：1. 未注明的板厚为100mm。
2. 图中H为楼层结构标高。
3. K8表示φ8@200。
4. 填充墙下无梁时应在墙下板中相应位置另设3φ12。

图 3-105

图 3-106

表 3-5　现浇板信息表

序号	类型	名称	混凝土标号	板厚 h/mm	板顶标高
1	普通楼板	未标注板	C30	100	层顶标高
2	空调板	飘窗板 70	C30	100	层底标高
3	平台板	平台板 100	C30	100	1.75m

3.4.3　任务实施

3.4.3.1　柱工程量计算

(1) 相关平法知识

柱类型有框架柱、框支柱、芯柱、梁上柱、剪力墙上柱等，从形状上可分为圆形柱、矩形柱、异形柱等。柱钢筋的平法表示有两种，一种是列表注写方式，另一种是截面注写方式。

① 列表注写。在柱表中注写柱编号、柱段起止标高、几何尺寸（含柱截面对轴线的偏心情况）与配筋信息、箍筋信息，如图 3-107 所示。

柱号	标高/m	$b×h$/(mm×mm)（圆柱直径D）	b_1/mm	b_2/mm	h_1/mm	h_2/mm	全部纵筋	角筋	b边一侧中部筋	h边一侧中部筋	箍筋类型号	箍筋	备注
KZ1	-0.030~19.470	750×700	375	375	150	550	24Φ25				1(5×4)	Φ10@100/200	
	19.470~37.470	650×600	325	325	150	450		4Φ22	5Φ22	4Φ20	1(4×4)	Φ10@100/200	
	37.470~59.070	550×500	275	275	150	350		4Φ22	5Φ22	4Φ20	1(4×4)	Φ8@100/200	
XZ1	-0.030~8.670						8Φ25				按标准构造详图	Φ10@100	③×Ⓑ轴KZ1中设置

图 3-107

② 截面注写。在同一编号的柱中选择一个截面，直接注写截面尺寸、柱纵筋和箍筋信息，如图 3-108 所示。

(2) 柱绘制

柱的绘制可以通过 CAD 识别中识别柱表和识别柱大样两种方式来完成。

1) 识别柱表生成柱构件　下面结合专用宿舍楼案例工程介绍识别柱表的流程：

识别柱表→提取边线及标注→识别柱→复制柱到其它楼层。

① 识别柱表。

a. 导入柱配筋表。切换到有柱配筋表的 CAD 图（本处中选择结施-04，将在首层中进行操作），双击柱配筋表。

图 3-108

b. 选择柱配筋表。具体操作流程如下：点击模块导航栏"柱"-"柱"，点击"建模"

图 3-109

模块-"识别柱"-"识别柱表"，如图 3-109 所示，出现两个子菜单"识别柱表"和"识别广东柱表"，点击"识别柱表"，工作区中出现该图中包含的所有柱配筋表，本工程图纸中有两张柱表，每张柱表中各有 12 根柱的配筋信息，为了表达清晰，只截取 KZ1～KZ2，如图 3-110 所示。

柱号	标高/m	截面尺寸/(mm×mm)	角筋	b边一侧中部筋	h边一侧中部筋	箍筋类型号	箍筋
KZ1	基础顶～-0.050	500×500	4Φ22	2Φ22	2Φ22	1.(4×4)	Φ10@100
	-0.050～3.550	500×500	4Φ22	2Φ22	2Φ22	1.(4×4)	Φ8@100
	3.550～7.200	500×500	4Φ22	2Φ22	2Φ22	1.(4×4)	Φ8@100
KZ2	基础顶～-0.050	500×500	4Φ22	2Φ22	2Φ22	1.(4×4)	Φ10@100
	-0.050～3.550	500×500	4Φ22	2Φ22	2Φ22	1.(4×4)	Φ8@100/150
	3.550～7.200	500×500	4Φ22	2Φ20	2Φ20	1.(4×4)	Φ8@100/150

图 3-110

拉框选择第一个柱表中的数据，框选的柱表范围用黄色虚线框框住，按右键确认选择；弹出"识别柱表"窗口，如图 3-111 所示。在选择柱表对应列对话框中还有"批量替换""删除列""删除行""插入列""插入行"等相关操作，可利用其进行相关操作，将所有信息修正，如图 3-112 所示。

![识别柱表窗口]

图 3-111

图 3-112

c. 识别柱表。点击"识别"，识别柱构件数量如图 3-113 所示，点击"确定"，点击"导航栏"－"柱"－"柱"，识别结果出现在"构件列表"中，共识别 24 个柱构件，如图 3-114 所示。

图 3-113

图 3-114

② 提取柱边线及标注。通过识别柱表，已经建立了各个柱构件，通过识别柱可将这些柱在平面图中定位。

a. 导入柱平面定位图。在"图纸管理"中，双击"柱平面定位图"，"柱平面定位图"被调入工作区中，如图 3-115 所示。

b. 提取柱边线及标注。在"建模"模块中"识别柱"下点击"识别柱"，在绘图区左上角出现选择方式对话框，如图 3-116 所示。

点击"提取边线"，点击任意一条柱边线，所有柱的边线皆变颜色，右键确认，柱边线从 CAD 图中消失，并被提取到"已经提取的 CAD 图层"中。

图 3-115　　　　　　　　　　　　　　　　　　图 3-116

点击"提取标注"，点击任意一条标注，例如"KZ9"，所有柱的标注被选中变颜色，右键确认，柱标注从 CAD 图中消失，并被提取到"已经提取的 CAD 图层"中。

③ 识别柱。点击"自动识别"按钮，弹出"自动识别""框选识别""点选识别"和"按名称识别"四个选择。

一般工程选用"自动识别"即可，将自动完成框架柱的识别。"框选识别""点选识别"和"按名称识别"一般是在当图纸复杂或识别部分柱构件时应用。本例选用"自动识别"，识别数量如图 3-117 所示，识别结果在绘图区显示，如图 3-118 所示。

图 3-117　　　　　　　　　　　　　　　　　图 3-118

若识别中有问题，绘图区自动出现"校核柱图元"提示，如图 3-119 所示，可根据问题类型进行修正。

图 3-119

④ 复制柱到其它楼层。选择首层的所有柱图元，点击"建模"模块"通用操作"菜单中"复制到其它层"的下拉菜单中选择"复制到其它层"，如图 3-120 所示的对话框。勾选基础层、第 2 层前的复选框，点击"确定"按钮，弹出如图 3-121 所示的对话框。用同样的

方法，将一层的 2、3、11、12 轴和 D、F 轴相交处的柱，复制到屋顶层。

图 3-120

图 3-121

2）识别柱大样绘制构件　本工程中只有梯柱大样图，下面介绍识别梯柱大样的识别步骤。

① 将楼梯结构详图调入绘图区，如图 3-122 所示。

② 点击"建模"模块-"识别柱"-"识别柱大样"。

③ 点击工具栏上的"提取柱边线"，按照软件默认的选择方式，点击柱大样的任意一条边线，柱大样边线变为虚线并高亮，右键确认选择，选中的边线从 CAD 图中消失并保存到"已提取的 CAD 图层"中。

④ 点击工具栏上的"提取标注"，选择柱大样中的一项标注，如果柱标注未被全部选中，则再选择未选中的标注。全部选择完成后，右键确认选择，选中的标注从 CAD 图中消失并保存到"已提取的 CAD 图层"中。

⑤ 点击工具栏上的"提取钢筋线"，选择柱大样中的钢筋线（包括圆点），右键确认选择，钢筋线从 CAD 图中消失，并保存到"已提取的 CAD 图层"中。

⑥ 点击工具栏上的"点选识别"-"自动识别"，如图 3-123 所示。点击"确定"之后自动出现"校核柱大样"提示框，如图 3-124 所示，如果有问题请修改，如果是读取信息过多等原因则不予理会。

图 3-122

图 3-123

"点选识别柱大样"功能可以通过选择柱边线和柱标识的方法进行柱识别操作。"框选识别柱大样"功能与自动识别柱大样非常相似，只是在执行"框选识别柱大样"命令后在绘图区域拉一个框确定一个范围，则此范围内提取的所有柱大样边线和柱大样标识将被识别。

图 3-124

⑦ 绘制 TZ1。按照楼梯大样图上标注的 TZ1 的位置信息，将其绘制在 2 轴和 E 轴的交点上，利用"镜像"功能复制到 3 轴和 E 轴交点上，再利用"镜像"功能复制到 12 轴与 E 轴、13 轴与 E 轴交点上。

梯柱在软件中的属性定义、清单和定额的套用以及在绘图界面的绘制除标高不一样外，其它同框架柱都是一致的，这里不再赘述，按照框架柱的属性定义和绘制的方法绘制构件即可。只是梯柱的标高与楼层中的框架柱相比较低，所以要在定义中设置，如图 3-125 所示，在其它的属性都设置完成之后，只需要对"顶标高"按照实际标高进行修改即可。

选中 TZ1，利用"建模"模块"通用操作"菜单中"复制到其它层"的下拉菜单中选择"复制到其它层"功能，将其复制到第二层、屋顶层。

首层柱绘制好之后，点击"视图"模块–"通用操作"–"动态观察"可以查看柱三维展示，也可以点击"通用操作"工具条中"动态观察"图标进行查看，动态观察如图 3-126 所示。

图 3-125

图 3-126

首层柱构件主要信息如表 3-6 所示。

表 3-6　首层柱构件信息表

序号	类型	名称	混凝土强度等级	截面尺寸/（mm×mm）	标高/m
1	框架柱	KZ1	C30	500×500	层顶标高（3.55）
		KZ2	C30	500×500	层顶标高（3.55）
		KZ3	C30	500×500	层顶标高（3.55）
		KZ4	C30	500×500	层顶标高（3.55）
		KZ5	C30	500×500	层顶标高（3.55）
		KZ6	C30	500×800	层顶标高（3.55）
		KZ7	C30	500×600	层顶标高（3.55）
		KZ8	C30	500×600	层顶标高（3.55）
		KZ9	C30	500×600	层顶标高（3.55）
		KZ10	C30	500×600	层顶标高（3.55）
		KZ11	C30	500×600	层顶标高（3.55）
		KZ12	C30	500×600	层顶标高（3.55）
		KZ13	C30	500×600	层顶标高（3.55）
		KZ14	C30	500×600	层顶标高（3.55）
		KZ15	C30	500×600	层顶标高（3.55）
		KZ16	C30	500×600	层顶标高（3.55）
		KZ17	C30	500×600	层顶标高（3.55）
		KZ18	C30	500×600	层顶标高（3.55）
		KZ19	C30	500×500	层顶标高（3.55）
		KZ20	C30	500×500	层顶标高（3.55）
		KZ21	C30	500×500	层顶标高（3.55）
		KZ22	C30	500×500	层顶标高（3.55）
		KZ23	C30	500×500	层顶标高（3.55）
		KZ24	C30	500×500	层顶标高（3.55）
2	梯柱	TZ	C30	200×400	顶标高（1.75）

（3）柱构件做法套用

1）工程量清单和定额计算规则

① 清单计算规则。《房屋建筑与装饰工程工程量计算规范》（GB 50854—2013）将柱分为现浇柱和预制柱，本书以现浇矩形柱和构造柱为例介绍混凝土柱的编号、名称、计量单位和工程量计算规则，如表 3-7 所示。

表 3-7　现浇混凝土柱清单工程量计算规则

编号	名称	计量单位	工程量计算规则
010502001	矩形柱	m³	按图示尺寸以体积计算柱高： 有梁板的柱高，应自柱基上表面（或楼板上表面）至上一层楼板上表面之间的高度计算； 无梁板的柱高，应自柱基上表面（或楼板上表面）至柱帽下表面之间的高度计算；
010502002	构造柱	m³	框架柱的柱高，应自柱基上表面至柱顶高度计算； 构造柱按全高计算，嵌入墙体部分（马牙槎）并入柱身体积； 依附于柱上的牛腿和升板的柱帽，并入柱身体积计算
011702002	矩形柱	m²	按模板与现浇混凝土构件的接触面积计算
011702003	构造柱	m²	

② 定额计算规则。《山东省建筑工程消耗量定额》（2016 版）将混凝土构件分为现浇混凝土构件、预制混凝土、混凝土搅拌制作及泵送、钢筋、预制混凝土构件安装五部分，现浇混凝土构件又分为基础、柱、梁、墙、板、其他。本书以现浇混凝土矩形柱和构造柱为例介绍柱及模板的编号、名称、计量单位和工程量计算规则，如表 3-8 所示。

表 3-8　现浇混凝土矩形柱及模板工程量计算规则

编号	名称	计量单位	工程量计算规则
5-1-14	矩形柱	m^3	按图示断面尺寸乘以柱高以体积计算。不扣除构件内钢筋、预埋铁件所占体积。型钢混凝土柱扣除构件内型钢所占体积
5-3-12	泵送	m^3	按各混凝土构件的消耗量之和，以体积计算
18-1-36	复合木模板钢支撑	m^2	按柱四周展开宽度乘以柱高以面积计算
18-1-48	柱支撑高度＞3.6m，每增1m钢支撑	m^2	柱、墙（竖直构件）模板支撑超高，分段计算，自高度＞3.6m，第一个1m为超高1次，第二个1m为超高2次，依次类推；不足1m，按1m计算

柱构件定义好后，需要进行做法套用，才能计算对应清单、定额工程量，下面以 KZ1 为例。

2）柱清单套用

① 在"建模"模块"通用操作"-"定义"页面，选中 KZ1。

② 点击进入"构件做法"界面，套取混凝土清单。点击"查询匹配清单"页签，弹出匹配清单列表，软件默认的是"按构件类型过滤"，如图 3-127 所示。在匹配清单列表中双击"010502001"，其名称为"矩形柱"，单位 m^3，此为清单项目混凝土体积，将其添加到做法表中。也可在点击"添加清单"后直接在"编码"栏中输入 010502001001。

③ 描述项目特征。根据《房屋建筑与装饰工程工程量计算规范》（GB 50854—2013）中规定的柱混凝土项目特征，需描述混凝土的种类和强度等级两项内容。在项目特征列表中添加"混凝土种类"的特征值为"商品混凝土"，"混凝土强度等级"的特征值为"C30"。填写完成后的矩形柱的项目特征如图 3-128 所示，也可通过点击清单对应的项目特征列；再点击三点按钮，弹出"编辑项目特征"的对话框，填写特征值，然后点击确定，如图 3-129 所示。

图 3-127

	特征	特征值	输出
1	混凝土种类	普通混凝土	☑
2	混凝土强度等级	C30	☑

图 3-128

编辑项目特征
1.截面尺寸：500mm*500mm
2.混凝土种类:商品混凝土
3.混凝土强度等级:C30

图 3-129

3）柱定额套用　在《山东省建筑工程消耗量定额》（2016 版）定额中对于混凝土柱明确要求：按图示断面尺寸乘以柱高以体积计算，不扣除构件内钢筋、预埋铁件所占体积，型钢混凝土柱扣除构件内型钢所占体积，依附柱上的牛腿并入柱身体积计算。

选择匹配定额。点击"查询匹配定额"页签，由于软件默认的是"按构件类型过滤"，弹出的匹配定额较多，点击选中对应的定额直接双击添加，在匹配定额列表中双击"5-1-14"定额子目，将其添加到清单"010502001"项下，如图 3-130 所示。

	编码	类别	名称	项目特征	单位	工程量表达式	表达式说明	单价	综合单价	措施项目	专业	自动套
1	010502001	项	矩形柱	1.截面尺寸：500mm*500mm 2.混凝土种类：商品混凝土 3.混凝土强度等级:C30	m3	TJ	TJ〈体积〉			☐	建筑工程	☐
2	5-1-14	定	C30矩形柱		m3	TJ	TJ〈体积〉	6763.61		☐	建筑	☐
3	5-3-12	定	泵送混凝土 柱、墙、梁、板 泵车		m3	TJ	TJ〈体积〉	128.46		☐	建筑	☐

图 3-130

4）柱模板清单及定额套用　对于柱的混凝土模板根据《房屋建筑与装饰工程工程量计算规范》（GB 50854—2013）来描述，具体的操作如下。

① 套用柱模板清单。点击"查询匹配清单"页签，匹配清单列表中的"011702002"，或选中清单项目"011702002"。

② 项目特征值为复合木模板。

③ 套用柱模板定额。点击"查询匹配定额"页签，软件默认的是"按构件类型过滤"过滤出对应的定额 18-1-36，或直接输入，名称是"矩形柱复合木模板钢支撑"，其单位为 m^2，将其添加到做法表中，观察其表达式说明为"MBMJ〈模板面积〉"。

在《山东省建筑工程消耗量定额》（2016 版）定额明确规定：对于混凝土柱模板的支模高度（室外设计地坪至板底或板面至板底之间的高度）是按 3.6m 编制的。超过 3.6m 的部分，执行相应的模板支撑高度 3.6m 以上每增 1m 的定额子目，不足 1m 时按 1m 计算。本工程中室外设计地坪至板底高差为 $0.45+3.6-0.1=3.95$（m），超过 3.6m 不足 1m，应计定额 18-1-48 项，如图 3-131 所示。

	编码	类别	名称	项目特征	单位	工程量表达式	表达式说明	单价
1	010502001	项	矩形柱	1.截面尺寸：500mm*500mm 2.混凝土种类：商品混凝土 3.混凝土强度等级:C30	m3	TJ	TJ〈体积〉	
2	5-1-14	定	C30矩形柱		m3	TJ	TJ〈体积〉	6763.61
3	5-3-12	定	泵送混凝土 柱、墙、梁、板 泵车		m3	TJ	TJ〈体积〉	128.46
4	011702002	项	矩形柱	模板类型：复合木模板	m2	MBMJ	MBMJ〈模板面积〉	
5	18-1-36	定	矩形柱复合木模板钢支撑		m2	MBMJ	MBMJ〈模板面积〉	564.01
6	18-1-48	定	柱支撑高度>3.6m 每增1m钢支撑		m2	CGMBMJ	CGMBMJ〈超高模板面积〉	37.59

图 3-131

5）做法刷复用到其它柱构件　将 KZ1 的清单项目及定额子目套用好之后，可使用"做法刷"功能将其做法复用给其它构件。

将 KZ1 的清单和定额项目全部选中，点击"构件做法"的菜单栏中"做法刷"，此时软件弹出"圣诞刷"对话框，界面左端出现可供选择的构件名称，还可以选择按"覆盖"或"追加"的方式添加，如图 3-132 所示。

同理，将其它框架柱都套用该做法，可以计算出钢筋量，也可以计算出混凝土体积和模板面积。

（4）工程量汇总计算及查量

工程量计算可在"工程量"模块-"汇总"中调出，如图 3-133 所示。可以通过"汇总计算"选择计算的工程量范围，如图 3-134 所示，

图 3-132

图 3-133

也可以先选择要汇总的图元，点击"汇总选中图元"，计算汇总结束之后出现如图 3-135 所示页面。

图 3-134

图 3-135

土建计算结果可以有两种查量方式，以图纸左侧 1 轴与 C 轴相交处 KZ2 首层工程量为例，点击"工程量"模块-"土建计算结果"-"查看工程量"，"构件工程量"如图 3-136 所示，"做法工程量"如图 3-137 所示。

查看构件图元工程量

构件工程量　做法工程量

◉ 清单工程量　○ 定额工程量　☑ 显示房间、组合构件量　☑ 只显示标准层单层量

楼层	名称	结构类别	定额类别	材质	混凝土类型	工程量名称							
						周长(m)	体积(m3)	模板面积(m2)	超高模板面积(m2)	数量(根)	脚手架面积(m2)	高度(m)	截面面积(m2)
首层	KZ2	框架柱	普通柱	混凝土	现浇混凝土碎石<31.5	2	0.9	6.6758	0.4498	1	20.16	3.6	0.25
					小计	2	0.9	6.6758	0.4498	1	20.16	3.6	0.25
				小计		2	0.9	6.6758	0.4498	1	20.16	3.6	0.25
			小计			2	0.9	6.6758	0.4498	1	20.16	3.6	0.25
		小计				2	0.9	6.6758	0.4498	1	20.16	3.6	0.25
	合计					2	0.9	6.6758	0.4498	1	20.16	3.6	0.25

图 3-136

查看构件图元工程量

构件工程量　做法工程量

	编码	项目名称	单位	工程量	单价	合价
1	010502001	矩形柱	m3	0.9		
2	5-1-14	C30矩形柱	10m3	0.09	6763.61	608.7249
3	5-3-12	泵送混凝土 柱、墙、梁、板 泵车	10m3	0.09	128.46	11.5614
4	011702002	矩形柱	m2	6.6758		
5	18-1-36	矩形柱复合木模板 钢支撑	10m2	0.72	564.01	406.0872
6	18-1-48	柱支撑高度>3.6m 每增1m钢支撑	10m2	0.08	37.59	3.0072

图 3-137

钢筋计算结果可以通过"查看钢筋量""钢筋三维""编辑钢筋"三种方式来查看。选中
KZ2 图元，点击"工程量"模块-"钢筋计算结果"-"查看钢筋量"，可以看到这一根柱在首层的钢筋总重量和不同级别、不同直径钢筋重量，如图 3-138 所示。

图 3-138

点击"钢筋三维"可以查看钢筋在结构中的形状、排列和直径的差别，直观形象观察钢筋，如图 3-139 所示。"编辑钢筋"界面如图 3-140 所示，可以查看某一构件中钢筋筋号、直径、级别、图形、计算公式、长度、根数、质量等重要信息。

三种查量方式各有特色，可以根据需要选用。

(5) 总结拓展

1) 归纳总结　本节主要介绍了专用宿舍楼识别柱表、识别柱大样、识别柱图元的操作流程和步骤，介绍了识别柱大样时设置图纸比例的操作，柱大样校核和柱图元校核的方法以及对出错图元的处理方法。结合绘制 TZ1 的过程强调了构件绘制经常用到的镜像功能和楼层间构件复制功能。

介绍了框架柱需要计算的工程量，以及套用清单项目的方法。介绍了如何根据当地定额的规定补充完善工程量清单项目特征的方法，如何根据项目特征的描述套用定额子目的方法。快速套用做法的方法除"做法刷"功能外，还有"选配"功能。在定义构件做法时，灵

活运用"构件过滤"功能提供的选项会使工作效率大幅度提高。介绍了汇总计算和查看土建工程量、查看钢筋工程量的几种方法。

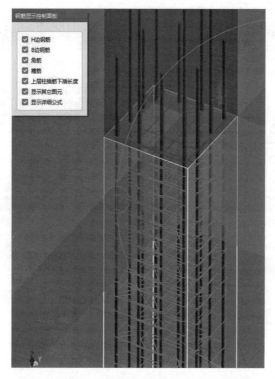

图 3-139

筋号	直径(mm)	级别	图号	图形	计算公式	公式描述	长度	根数	搭接	损耗(%)	单重(kg)	总重(kg)
1 角筋.1	18	Φ	1	3100	3600-1000+max(3000/6,500…	层高…	3100	2	1	0	6.2	12.4
2 角筋.2	18	Φ	1	3100	3600-1630+max(3000/6,500…	层高…	3100	2	1	0	6.2	12.4
3 B边纵筋.1	16	Φ	1	3100	3600-1560+max(3000/6,500…	层高…	3100	2	1	0	4.898	9.796
4 B边纵筋.2	16	Φ	1	3100	3600-1000+max(3000/6,500…	层高…	3100	2	1	0	4.898	9.796
5 H边纵筋.1	16	Φ	1	3100	3600-1000+max(3000/6,500…	层高…	3100	2	1	0	4.898	9.796
6 H边纵筋.2	16	Φ	1	3100	3600-1560+max(3000/6,500…	层高…	3100	2	1	0	4.898	9.796
7 箍筋.1	8	Φ	195	440 440	2*(440+440)+2*(11.9*d)		1950	37	0	0	0.77	28.49
8 箍筋.2	8	Φ	195	169 440	2*(440+169)+2*(11.9*d)		1408	74	0	0	0.556	41.144

图 3-140

2）拓展延伸　本工程涉及的都是矩形柱，实际工程中有时是异形柱或参数化柱。如果图纸标识不清，有时会发生识别错误，为避免这种错误可以手工建立图形及钢筋。

①参数化柱。一般暗柱参数化形状较多，在绘图输入的树状构件列表中选择"柱"-"柱"，单击"新建"按钮，选择"新建参数化柱"。软件参数化提供了 L 形、T 形、十字形、一字形、Z 形柱、端柱、其它等九种柱，如图 3-141 所示。选择适合的形状，如

图 3-142 所示，修改截面尺寸、配筋情况，最后根据工程实际情况具体布置即可。

图 3-141

② 异形柱。还可以自己定义柱和配筋。在绘图输入的树状构件列表中选择"柱"-"柱"，单击"新建"按钮，选择"新建异形柱"。进入异形截面编辑器，如有需要可以设置网格，如图 3-143 所示。

图 3-142

通过"画直线""画弧"等方式编辑截面，如图 3-144 所示；单击确定，进入配筋信息输入页面，修改方式同参数化柱。

图 3-143

图 3-144

③ 对于构造柱的绘制软件中提供自动生成的功能，点击左侧导航栏"构造柱（Z）"页签下，双击建模页签下菜单栏右侧"生成构造柱"功能，即可生成对应构造柱图元，操作方法跟框架柱一致，这里就不再做过多赘述。

（6）思考与练习

① 识别柱表分为几步？

② 识别柱大样分为几步？

③ 识别柱图元的步骤是怎样的？

④ 如何定义参数化柱或异形柱？

⑤ 柱混凝土清单需要描述哪几个项目特征？

⑥ 柱模板清单需要描述哪几个项目特征？

⑦ 楼层间复制构件的方法有几种？分别如何操作？

⑧ 完成案例工程的柱的识别、绘制、套做法以及工程量汇总。

3.4.3.2　梁工程量计算

(1) 相关平法知识

梁的类型有很多,一般可以分为楼层框架梁、屋面框架梁、悬挑梁、非框架梁等不同类型;对于梁的钢筋标注在图纸中有两种方法:一种是平面注写方式,一种是截面注写方式。

1) 平面注写方式　即在梁平面布置图上,在不同编号的梁中各选一根梁,在其上注写截面尺寸和配筋具体数值的方式来表达梁平法施工图,如图 3-145 所示。平面注写包括集中标注与原位标注,集中标注表达梁的通用数值,原位标注表达梁的特殊数值。当集中标注中的某项数值不适用于梁的某部位时,则将该项数值原位标注。施工时,原位标注取值优先。

图 3-145

梁编号由梁类型代号、序号、跨数及有无悬挑梁代号几部分组成,如图 3-146 所示。

梁类型	代号	序号	跨数及是否带有悬挑
楼层框架梁	KL	××	(××)、(××A) 或 (××B)
楼层框架扁梁	KBL	××	(××)、(××A) 或 (××B)
屋面框架梁	WKL	××	(××)、(××A) 或 (××B)
框支梁	KZL	××	(××)、(××A) 或 (××B)
托柱转换梁	TZL	××	(××)、(××A) 或 (××B)
非框架梁	L	××	(××)、(××A) 或 (××B)
悬挑梁	XL	××	(××)、(××A) 或 (××B)
井字梁	JZL	××	(××)、(××A) 或 (××B)

注:(××A) 为一端有悬挑,(××B) 为两端有悬挑,悬挑不计入跨数。

图 3-146

框架梁钢筋原位标注规定如下:梁支座上部纵筋;该部位包含通长筋在内的所有纵筋。

① 当上部纵筋多于一排时,用斜线"/"将各排纵筋自上而下分开。例如,梁支座上部纵筋写为 6Φ25 4/2,则表示上一排纵筋为 4Φ25,下一排纵筋为 2Φ25。

② 当同排纵筋有两种直径时,用加号"+"将两种直径的纵筋相连,注写时将角部纵筋写在前面。例如,梁支座上部有四根纵筋,2Φ25 放在角部,2Φ22 放在中部,在梁支座上部应注写为 2Φ25+2Φ22。

2）截面注写方式 即在分标准层绘制的梁平面布置图上，分别在不同编号的梁中各选择一根梁用剖面号引出配筋图，并在其上注写截面尺寸和配筋具体数值的方式来表达梁平法施工图，如图 3-147 所示。

图 3-147

框架梁钢筋类型及软件输入格式，以上/下部贯通筋、侧面钢筋为例，如图 3-148 所示。

钢筋类型	输入格式	说明
上部贯通筋	2C22	数量＋级别＋直径，有不同的钢筋信息用"＋"连接，注写时将角部纵筋写在前面
	2C25＋2C22	
	4C20　2/2	当存在多排钢筋时，使用斜线"/"将各排钢筋自上而下分开
	2C20/2C22	
	1-2C25	图号-数量＋级别＋直径，图号为悬挑梁弯起钢筋图号
	2C25＋(2C22)	当有架立筋时，架立筋信息输在加号后面的括号中
下部贯通筋	2C22	数量＋级别＋直径，有不同的钢筋信息用"＋"连接
	2C25＋2C22	
	4C20　2/2	当存在多排钢筋时，使用斜线"/"将各排钢筋自上而下分开
	2C20/2C22	
侧面钢筋（总配筋值）	G4C16 或 N4C16	梁两侧侧面筋的总配筋值
	GC16@100 或 NC16@100	

图 3-148

（2）梁绘制

梁构件的绘制可以通过 CAD 识别梁和直接绘制梁两种方式完成。

1）识别梁生成梁构件 结合专用宿舍楼案例工程介绍识别梁生成梁构件流程：

提取梁边线及梁标注→识别梁构件→编辑支座→识别原位标注→识别吊筋及次梁加筋。

① 提取梁边线及梁标注。

a. 选择对应楼层"首层"，切换至"建模"页签，左键点击对应"梁"构件。

b. 点击"图纸管理"区域，导入梁配筋图；分割和定位首层梁配筋图，将图纸对应相应的楼层体系中，如图 3-149 所示。

c. 点击"提取边线",选择任意一条梁的边线,所有梁的边线被选择后高亮显示如图 3-150 所示,右键确认即可,梁边线会从 CAD 图纸中消失,并且已经被提取到"已经提取的 CAD 图层"中。

图 3-149

图 3-150

d. 点击"提取标注",点击任意一条标注。例如"KL1",所有梁同图层的标注都会被选中呈高亮显示,右键确认,梁标注从 CAD 图层中消失,并且被提取到"已经提取的 CAD 图层"中。

② 识别梁构件。点击"自动识别梁"下拉按钮,弹出"点选识别""框选识别""自动识别"三个选择,如图 3-151 所示。一般工程选择"自动识别"即可,对于"点选识别"和"框选识别",当图纸比较复杂或者图层不太规范时,可以点击进行详细识别。本案例选用"自动识别"之后弹出"识别梁选项"窗口,需对"梁识别选项"窗口中信息进行检查,确认无误后点击"继续"即可,如图 3-152 所示。识别结果在绘图区域进行显示;会弹出"校核梁图元"窗口,具体如图 3-153 所示,并且软件会自动反建梁构件列表,可一次性完成对应梁构件的快速建立,如图 3-154 所示,对于识别梁提示的校核项需双击进行定位之后,判断其所属类型,定位之后点击"编辑支座"单独进行修改,对没有问题的提示项忽略即可,如图 3-155 所示。

图 3-151

图 3-152

另外可以通过点击"识别梁构件"按钮,弹出"识别梁构件"窗口,鼠标左键选择梁的集中标注信息,会自动提取梁的标注信息,点击"确定"即可,如图 3-156 所示;软件会自动建立梁的构件,对于个别的提取不到的梁标注信息,可以直接手动输入,建立梁构件,如图 3-157 所示。

图 3-153

图 3-154

图 3-155

图 3-156

③ 编辑支座。对于识别梁过程中弹出的"校核梁图元"窗口提示的"当前梁图元跨数与属性"不一致的情况，双击对应的问题行，可以通过"编辑支座"进行梁支座的修改，如图 3-158 所示。

图 3-157

图 3-158

④ 识别原位标注。点击"自动识别原位标注"按钮，会弹出"框选识别原位标注""点选识别原位标注""单构件识别原位标注""自动识别原位标注"四个选项。一般的工程选择"自动识别原位标注"；对于工程比较大或者图层不一致的时候，可以考虑其它几种识别方式。本案例点击"自动识别原位标注"，弹出"提示"直接点击"确定"即可，如图3-159所示。对于识别梁原位标注弹出"梁原位标注校核"窗口，根据提示双击定位进行单独的修改即可，如图3-160所示。

图3-159

图3-160

对于识别梁原位标注提示不通过的内容，可以点击"单构件识别原位标注"或者点击菜单栏上方"原位标注"进行手动的输入，如图3-161所示，确保图纸中梁相关标注能够被软件完全提取到。

⑤ 识别吊筋及次梁加筋。

a. 提取钢筋和标注。点击"识别吊筋"按钮，会弹出"识别吊筋"的窗口，如图3-162所示，选择梁平法施工图中吊筋的钢筋信息及标注，左键选择，右键确认，吊筋标注从CAD图层中消失，并且被提取到"已经提取的CAD图层"中。

图3-161

图3-162

b. 识别吊筋。点击"识别吊筋"按钮，会弹出"自动识别""点选识别""框选识别"三个选项，一般点击"自动识别"按钮；弹出"识别吊筋"窗口，输入无标注的吊筋及次梁加筋信息，注意此处次梁加筋的数量为两侧共增加数量，如图3-163所示，软件会在图纸中自动生成吊筋及附加箍筋，如图3-164所示。

2）绘制梯梁 结合专用宿舍楼图纸结施-06，按照楼梯大样图上标注的TL1的位置信息，手动建立梯梁构件，梯梁的新建方法跟框架梁一致，如图3-165所示，点击梁构件页签，用"直线"命令绘制梯梁TL1；将其绘制在2～3轴交E～F轴所涉及的梯梁区域，如

图 3-166 所示，再点击"原位标注"按钮，进行梁原位信息的识别。

图 3-163　　　　　　　　　　　图 3-164　　　　　　　　　　　图 3-165

梯梁在软件中的属性定义、清单和定额的套用以及在绘图界面的绘制除标高不一样外，其它同框架梁都是一致的，这里不再赘述，按照框架梁的属性定义和绘制的方法绘制构件即可。只是梯梁的标高与楼层中的框架梁相比较低，所以要在定义中设置，如图 3-167 所示，在其它的属性都设置完成之后，只需要对"顶标高"按照实际标高进行修改即可。

图 3-166　　　　　　　　　　　　　　　图 3-167

首层梁绘制好之后，点击"视图"模块-"通用操作"-"动态观察"可以查看梁三维展示，点击"通用操作"工具条中"动态观察"图标也可以查看，动态观察如图 3-168 所示。

图 3-168

首层梁绘制好之后，选中梁图元，利用"建模"模块"通用操作"菜单中"复制到其它层"的下拉菜单中选择"复制到其它层"功能，将其复制到第二层、屋顶层。

首层梁主要信息如表 3-9 所示。

表 3-9　首层梁信息表

序号	类型	名称	截面尺寸/（mm×mm）	混凝土强度等级	标高/m
1	楼层框架梁	KL1	250×600	C30	层顶标高（3.55）
		KL2	250×600	C30	层顶标高（3.55）
		KL3	250×600	C30	层顶标高（3.55）
		KL4	250×600	C30	层顶标高（3.55）
		KL5	250×600	C30	层顶标高（3.55）
		KL6	250×600	C30	层顶标高（3.55）
		KL7	250×600	C30	层顶标高（3.55）
		KL8	250×600	C30	层顶标高（3.55）
		KL9	250×600	C30	层顶标高（3.55）
		KL10	250×600	C30	层顶标高（3.55）
		KL11	300×600	C30	层顶标高（3.55）
		KL12	300×600	C30	层顶标高（3.55）
		KL13	250×600	C30	层顶标高（3.55）
		KL14	250×600	C30	层顶标高（3.55）
		KL15	300×600	C30	层顶标高（3.55）
		KL16	300×600	C30	层顶标高（3.55）
2	非框架梁	L1	200×550	C30	层顶标高（3.55）
		L2	200×550	C30	层顶标高（3.55）
		L3	200×550	C30	层顶标高（3.55）
		L4	250×550	C30	层顶标高（3.55）
		L5	250×550	C30	层顶标高（3.55）
		L6	200×550	C30	层顶标高（3.55）
		L7	200×500	C30	层顶标高（3.55）
		L8	250×400	C30	层顶标高（3.55）
		L9	200×500	C30	层顶标高（3.55）
		L10	200×400	C30	层顶标高（3.55）
		L11	200×400	C30	层顶标高（3.55）
3	梯梁	TL1	200×400	C30	顶标高（1.75）

（3）梁构件做法套用

1）工程量清单和定额计算规则

① 清单计算规则见表 3-10。

表 3-10　梁清单计算规则

编号	项目名称	单位	计算规则
010503002	矩形梁	m³	按设计图示尺寸以体积计算，伸入墙内的梁头、梁垫并入梁体积内。梁长： 1. 梁与柱连接时，梁长算至柱侧面； 2. 主梁与次梁连接时，次梁长算至主梁侧面
011702006	矩形梁	m²	按模板与现浇混凝土构件的接触面积计算

②定额计算规则见表 3-11。

表 3-11　梁定额计算规则

编号	项目名称	单位	计算规则
5-1-19	框架梁、连续梁	m³	梁按设计图示断面尺寸乘以梁长以体积计算。不扣除构件内钢筋、预埋铁件所占体积，伸入墙内的梁头、梁垫并入梁体积内。型钢混凝土梁扣除构件内型钢所占体积。 梁长的规定： 1. 梁与柱连接时，梁长算至柱侧面； 2. 主梁与次梁连接时，次梁长算至主梁侧面； 3. 梁与墙连接时，梁长算至墙侧面； 4. 对于圈梁，外墙按中心线，内墙按净长线计算； 5. 过梁按设计图示尺寸计算
18-1-56	矩形梁复合木模板	m²	混凝土及支架的工程量，按模板与现浇混凝土构件的接触面积计算。 1. 矩形梁、支座处的模板不扣除，端头处的模板不增加； 2. 梁、梁相交时，不扣除次梁梁头所占主梁模板面积； 3. 梁、板连接时，梁侧壁模板算至板下坪； 4. 过梁与圈梁连接时，其过梁长度按洞口两端共加 50cm 计算

梁构件定义好后，需要进行做法套用，才能计算对应清单、定额工程量，下面以 KL1 为例。

	编码	名称	单位
1	010503002	矩形梁	m3
2	010503003	异形梁	m3
3	010503006	弧形、拱形梁	m3
4	010510001	矩形梁	m3/根
5	010510002	异形梁	m3/根
6	010510004	拱形梁	m3/根
7	010510005	鱼腹式吊车梁	m3/根
8	010510006	其他梁	m3/根
9	011702006	矩形梁	m2
10	011702007	异形梁	m2
11	011702010	弧形、拱形梁	m2
12	010505001	有梁板	m3
13	011702014	有梁板	m2

图 3-169

2）梁清单套用

①在"建模"模块"通用操作"-"定义"页面，选中 KL1。

②点击进入"构件做法"界面，套取混凝土清单。点击"查询匹配清单"页签，弹出匹配清单列表，软件默认的是"按构件类型过滤"，如图 3-169 所示。在匹配清单列表中双击"010503002"，名称为矩形梁，单位 m³，此为清单项目混凝土体积，将其添加到做法表中。也可在点击"添加清单"后直接在"编码"栏中输入 010503002001。

③描述项目特征。根据《房屋建筑与装饰工程工程量计算规范》（GB 50854—2013）中规定的梁混凝土项目特征，需描述混凝土的种类和强度等级两项内容。在项目特征列表中添加"混凝土种类"的特征值为"商品混凝土"，"混凝土强度等级"的特征值为"C30"，另因需要将梁按截面尺寸区分，故需增加截面尺寸项目特征。也可通过点击清单对应的项目特征列来增加项目特征，再点击三点按钮，弹出"编辑项目特征"的对话框，填写特征值，然后点击确定，如图 3-170 所示。

3）梁定额套用　在《山东省建筑工程消耗量定额》（2016 版）定额中对于混凝土梁明确要求：梁按设计图示断面尺寸乘以梁长以体积计算。不扣除构件内钢筋、预埋铁件所占体积，伸入墙内的梁

图 3-170

头、梁垫并入梁体积内。型钢混凝土梁扣除构件内型钢所占体积。

点击"查询匹配定额"页签,由于软件默认的是"按构件类型过滤",弹出的匹配定额较多,点击选中对应的定额直接双击添加,在匹配定额列表中双击"5-19"定额子目,将其添加到清单"010503002"项下,如图 3-171 所示。

	编码	类别	名称	项目特征	单位	工程量表达式	表达式说明	单价	综合单价	措施项目	专业
1	⊟ 010503002	项	矩形梁	1. 截面尺寸: 250mm*600mm 2. 混凝土种类: 商品混凝土 3. 混凝土强度等级:C30	m3	TJ	TJ〈体积〉			☐	建筑工程
2	5-1-19	定	C30框架梁、连续梁		m3	TJ	TJ〈体积〉	6134.41		☐	建筑
3	5-3-12	定	泵送混凝土 柱、墙、梁、板 泵车		m3	TJ	TJ〈体积〉	128.46		☐	建筑
4	⊟ 011702006	项	矩形梁	1. 支撑高度: 3.6m 2. 模板类型: 复合木模板	m2	MBMJ	MBMJ〈模板面积〉			☑	建筑工程
5	18-1-56	定	矩形梁复合木模板对拉螺栓钢支撑		m2	MBMJ	MBMJ〈模板面积〉	616.29		☑	建筑

图 3-171

在《山东省建筑工程消耗量定额》(2016 版)定额明确规定:混凝土及支架的工程量,按模板与现浇混凝土构件的接触面积计算。

4)梁模板清单及定额套用 对于梁的混凝土模板描述根据《房屋建筑与装饰工程工程量计算规范》(GB 50854—2013)的要求及需要,增加模板类别为"复合木模板",具体的操作如下。

① 套用梁模板清单,点击"查询匹配清单"页签,匹配清单列表中的"011702006",名称为"矩形柱模板",或选中清单项目"011702006";

② 填写项目特征值,填写模板类别为"复合木模板";

③ 套用梁模板定额,点击"查询匹配定额"页签,软件默认的是"按构件类型过滤"过滤出对应的定额 18-1-56,或直接输入,名称是"矩形梁复合木模板对拉螺栓钢支撑",其单位为 m²,将其添加到做法表中,观察其表达式说明为"MBMJ〈模板面积〉",与柱情况相同,超过 3.6m 部分应套用定额 18-1-70,如图 3-172 所示。

筋筋组合示意图	**构件做法**							
🖩 添加清单	🖩 添加定额	🗙 删除	🔍 查询 ·	🖹 项目特征	ƒx 换算 ·	✎ 做法刷	🔍 做法查询	🖹 提取做法	🖹 当前构件自动套做法 ☑ 参与自动套

	编码	类别	名称	项目特征	单位	工程量表达式	表达式说明	单价
1	⊟ 010503002	项	矩形梁	1. 截面尺寸: 250mm*600mm 2. 混凝土种类: 商品混凝土 3. 混凝土强度等级:C30	m3	TJ	TJ〈体积〉	
2	5-1-19	定	C30框架梁、连续梁		m3	TJ	TJ〈体积〉	6134.41
3	5-3-12	定	泵送混凝土 柱、墙、梁、板 泵车		m3	TJ	TJ〈体积〉	128.46
4	⊟ 011702006	项	矩形梁	1. 支撑高度: 3.6m 2. 模板类型: 复合木模板	m2	MBMJ	MBMJ〈模板面积〉	
5	18-1-56	定	矩形梁复合木模板对拉螺栓钢支撑		m2	MBMJ	MBMJ〈模板面积〉	616.29
6	18-1-70	定	梁支撑高度>3.6m 每增1m钢支撑		m2	CGMBMJ	CGMBMJ〈超高模板面积〉	40.34

图 3-172

5)做法刷复用到其它梁构件 将 KL1 的清单项目及定额子目套用好之后,可使用"做法刷"功能将其做法复用给其它构件。

将 KL1 的清单和定额项目全部选中,点击"构件做法"的菜单栏中"做法刷",此时软件弹出"做法刷"提示框,界面左端出现可供选择的构件名称,还可以选择按"覆盖"或"追加"的添加方式,如图 3-173 所示。

如此,将其它框架梁都套用该做法,可以计算出钢筋量,也可以计算出混凝土体积和模板面积。

图 3-173

(4) 工程量汇总计算及查量

工程量计算可在"工程量"模块-"汇总"中调出，如图 3-174 所示。既可以通过"汇总计算"选择计算的工程量范围，如图 3-175 所示，也可以先选择要汇总的图元，点击"汇总选中图元"。计算汇总结束之后出现图 3-176 所示页面。

图 3-174

图 3-175

图 3-176

1) 土建计算结果可以有两种查量方式，以图纸中首层框架梁 KL1 工程量为例，点击"工程量"模块-"土建计算结果"-"查看工程量"，"构件工程量"如图 3-177 所示。"做法工程量"如图 3-178 所示。

图 3-177

图 3-178

2）钢筋计算结果可以通过"查看钢筋量""钢筋三维""编辑钢筋"三种方式来查看。选中 KL1 图元，点击"工程量"模块-"钢筋计算结果"-"查看钢筋量"，可以看到框架梁在首层的钢筋总重量和不同级别、不同直径钢筋重量，如图 3-179 所示。

图 3-179

点击"钢筋三维"可以查看钢筋在结构中的形状、排列和直径的差别，直观形象观察钢筋，如图 3-180 所示。"编辑钢筋"如图 3-181 所示，可以查看某一构件中钢筋筋号、直径、级别、图形、计算公式、长度、根数、重量等重要信息。

三种查量方式各有特色，可以根据需要选用。

图 3-180

筋号	直径(mm)	级别	图号	图形	计算公式	公式描述	长度	根数	搭接	损耗(%)	单重(kg)	总重(kg)	钢筋归...
1 1跨.上通长筋1	18	Φ	64	270 7650 270	500-25+15*d +6700+500-25+15*d	支座宽…	8190	2	0	0	16.38	32.76	直筋
2 1跨.左支座筋1	18	Φ	18	270 2708	500-25+15*d+6700/3	支座宽+保护层+弯折+搭接	2978	2	0	0	5.956	11.912	直筋
3 1跨.右支座筋1	18	Φ	18	270 2708	6700/3+500-25+15*d	搭接+支座宽+保护层+弯折	2978	2	0	0	5.956	11.912	直筋
4 1跨.右支座筋3	18	Φ	18	270 2150	6700/4+500-25+15*d	搭接+支座宽+保护层+弯折	2420	2	0	0	4.84	9.68	直筋
5 1跨.侧面受扭筋1	12	Φ	1	7588	37*d+6700+37*d	直锚+净长+直锚	7588	4	0	0	6.738	26.952	直筋
6 1跨.下部钢筋1	20	Φ	64	300 7650 300	500-25+15*d +6700+500-25+15*d	支座宽…	8250	4	0	0	20.378	81.512	直筋
7 1跨.箍筋1	8	Φ	195	550 200	2*((250-2*25)+(600-2*25)) +2*(11.9*d)		1690	50	0	0	0.668	33.4	箍筋

编辑钢筋　|< < > >|　插入　删除　缩尺配筋　钢筋信息　钢筋图库　其他 ▾　单构件钢筋总重(kg): 213.160

图 3-181

（5）总结拓展

1）归纳总结　本节主要介绍了识别框架梁、非框架梁的操作流程和步骤，介绍了在识别梁过程中对于梁图元校核出现的提示如何进行准确判断修改，以及梁原位标注识别出错图元的处理方法；并介绍了在绘制梁过程对于梁吊筋、次梁加筋等钢筋如何准确识别的方法。

介绍了关于楼梯梯梁在软件中按照非框架梁构件进行手动绘制，以及在属性中需要按照实际图纸高度调整对应的属性信息。介绍了框架梁需要计算的工程量，以及套用清单项目的方法。介绍了如何根据当地定额的规定补充完善工程量清单项目特征的方法，如何根据项目特征的描述套用定额子目的方法。介绍了快速套用做法的方法除"做法刷"功能外，还有"选配"功能。介绍了在定义构件做法时，灵活运用"构件过滤"功能提供的选项会使工作效率大幅度提高。介绍了汇总计算和查看土建工程量、查看钢筋工程量的几种方法。

2）拓展延伸

① 本工程涉及的都是矩形梁，在实际工程图纸中可能对于梁原位标注存在不规范的注写形式，如图 3-182 所示。这就需要识别前期对于图纸中梁原位标注进行统一修改，这样在

识别过程中才能避免出现图纸原位标注识别不全的情况。可通过"查找替换"功能对于图纸原位标注进行修改,如图 3-183 所示。

图 3-182　　　　　　　　　　　　　　图 3-183

图纸中梁原位标注替换完成之后,就可以去进行梁原位标注的识别,如图 3-184 所示。

② 本工程未涉及水平加腋梁部分尺寸及钢筋的计算,但在工程图纸中水平加腋梁相对来说比较常见,需进行单独的设置。为处理加腋梁的业务场景,软件中可以通过在"原位标注"信息框中的输入"腋长""腋高""加腋钢筋"等信息来解决,如图 3-185 所示;软件会自动生成梁水平加腋,如图 3-186 所示。

图 3-184

箍筋加密长度	腋长	腋高	加腋钢筋	其他箍筋
max(1.5*h,500)				
max(1.5*h,500)				
max(1.5*h,500)				
max(1.5*h,500)	500	600	4Φ16	
max(1.5*h,500)				
max(1.5*h,500)				
max(1.5*h,500)				

图 3-185　　　　　　　　　　　　　　图 3-186

(6) 思考与练习

① 识别梁的基本流程分为几步?分别是什么?

② 识别梁构件功能怎么快速建立梁构件?

③ 如何设置梁的水平加腋及钢筋?

④ 梁混凝土清单需要描述哪几个项目特征?

⑤ 梁模板清单需要描述哪几个项目特征?

⑥ 楼层间复制构件的方法有几种?分别如何操作?

⑦ 完成案例工程的首层梁构件的识别、绘制、套做法以及工程量汇总。

3.4.3.3　板工程量计算

(1) 相关平法知识

板分为多种形式,包括:有梁板(图 3-187)、无梁板(图 3-188)、平板(图 3-189)、悬挑板(图 3-190)等;板的标注方式通常按照平面注写方式标注,平面注写方式中包括板块集中标注和板支座原位标注两种方式。

图 3-187

图 3-188

图 3-189

图 3-190

1）板块集中标注　板块集中标注的内容为：板块标号、板厚、贯通纵筋以及当板面标高不同时的标高高差。对于板贯通纵筋按板下部和板上部分别注写，并以 B 代表下部，T 代表上部，B&T 代表下部和上部，X 向贯通纵筋以 X 打头，Y 向贯通纵筋以 Y 打头，两向贯通纵筋配置相同时则以 X&Y 打头。

例如，有一块楼面板注写为：

LB5　$h=110$

B：X$\pm$10/12@100；　Y$\pm$10@100

表示 5 号楼面板，板厚 110mm，板下部配置纵筋 X 向为$\pm$10、$\pm$12 隔一布一，$\pm$10 与$\pm$12 之间的间距为 100；Y 向为$\pm$10@100；板上部未配置贯通钢筋。

2）板支座原位标注

① 板支座原位标注。板支座原位标注的钢筋，应在配置相同跨的第一跨表达（当在梁悬挑部位单独配置时则原位表达）。在配置相同跨的第一跨（或梁悬挑部位），垂直于板支座（梁或墙）绘制一段适宜长度的中粗实线（当该筋通长设置在悬挑板或短跨板上部时，实线段应画至对边或贯通短跨），以该线段代表支座上部非贯通纵筋，并在线段上方注写钢筋编号（如①、② 等）、配置值、横向连续布置的跨数（注写在括号内，且当为一跨时可不注）以及是否横向布置到梁的悬挑端。

例如，（××）为横向布置的跨数，（××A）为横向布置的跨数及一端的悬挑部位，（××B）为横向布置的跨数及两端的悬挑梁部位。

板支座上部非贯通筋自支座中线向跨内的伸出长度，注写在线段的下方位置。当中间支座上部非贯通纵筋向支座两侧对称伸出时，可仅在支座一侧线段下方标注伸出长度，另一侧不注，如图 3-191 所示。

当向支座两侧非对称伸出时，应分别在支座两侧线段下方注写伸出长度，如图 3-192 所示。

图 3-191　　　　　　　　　　　图 3-192

对线段画至对边贯通全跨或贯通全悬挑长度的上部通长纵筋，贯通全跨或伸出至全悬挑一侧的长度值可不注，只注明非贯通筋另一侧的伸出长度值，如图 3-193 所示。

图 3-193

② 局部升降板 SJB 的引注。如图 3-194 所示，局部升降板的平面形状及定位由平面布置图表达，其它内容由引注内容表达。

图 3-194

a. 局部升降板的板厚、壁厚和配筋，在标准构造详图中取用与所在板块的板厚和配筋相同，设计不注；当采用不同板厚、壁厚和配筋时，设计应补充绘制截面配筋图。

b. 局部升降板升高与降低的高度，在标准构造详图中限定为小于或等于 300mm；当高度大于 300mm 时，设计应补充绘制截面配筋图；设计应注意局部升降板的下部与上部配筋均应设计为双向贯通纵筋。

3）现浇板钢筋类型及软件输入方式　本书以图纸中板马凳筋、拉筋、板负筋、板受力筋为例，其输入方式如图 3-195、图 3-196 所示。

钢筋类型	输入格式	说明
马凳筋	格式1：2B12	数量＋级别＋直径，Ⅰ型、Ⅱ型、Ⅲ型
	格式2：A8@800＊800	级别＋直径＋@＋间距＊间距，Ⅰ型
	格式3：B12@1000	级别＋直径＋@＋间距，Ⅱ型、Ⅲ型
拉筋	格式1：4C8	数量＋级别＋直径
	格式2：A8@800＊800	级别＋直径＋@＋间距＊间距

图 3-195

钢筋类型	输入格式	说明
板负筋	格式1：C10@200	级别＋直径＋@＋间距
	格式2：C12/C10@200	钢筋信息采用两种规格钢筋"隔一布一"时，用"/"隔开，输入的间距为不同钢筋之间的间距，即 C12 和 C10 的间距为 200mm
板受力筋或跨板受力筋	格式1：C10@200	级别＋直径＋@＋间距
	格式2：C12/C10@200	钢筋信息采用两种规格钢筋"隔一布一"时，用"/"隔开，输入的间距为不同钢筋之间的间距，即 C12 和 C10 的间距为 200mm

图 3-196

图 3-197

（2）板绘制

板构件的绘制可以利用通过识别板命令的方式绘制完成。

1）识别板生成板构件　下面结合专用宿舍楼案例工程介绍识别现浇板构件的流程：提取板标识→提取板洞线→自动识别板。

① 提取板标识。

a. 选择对应楼层"首层"，切换至"建模"页签，左键点击对应"板"构件。

b. 点击"图纸管理"区域，导入板配筋图；分割和定位二层板配筋图，将图纸对应相应的楼层体系中，如图 3-197、图 3-198所示。

c. 在"建模"模块中，左侧点击"板"页签，点击上方"识别板"，在左上角绘图区域会弹出选择方式对话框，如图 3-199所示。

点击"提取板标识"按钮，选择任意一块板的标注信息，所有板的标识高亮显示，右键确认即可，选中的板边线会从 CAD 图纸中消失，并且已经被提取到"已经提取的 CAD 图层"中。

② 提取板洞线。点击"提取板洞线"功能，需选中图纸板洞线，右键即可进行提取，但对与板洞线不建议在这里进行提取，后期可以通过"板洞（N）"单独进行绘制即可，此案例未涉及"板洞"，所以不需进行单独识别。

图 3-198

图 3-199

③ 自动识别板。点击"自动识别板"功能，自动弹出"识别板选项"界面，如图 3-200 所示。本案例工程专用宿舍楼为框架结构，所以现浇板默认是以梁为支座，所以按照默认设置确定即可。之后会弹出"识别板选项"界面，需要确定"无标注板"的板厚，由于首层板配筋图中未对于板的标注说明，所以对无标注板板厚进行统一修改，如图 3-201 所示，确定之后即可完成首层现浇板构件的识别，而对于楼梯处的现浇板选中删除即可。

但需注意的是：本案例图纸中对于板的标识没有在图纸中直接进行注明，所以现浇板板厚需按照图纸说明中"未注明板厚为 100mm"进行统一绘制。

2）绘制休息平台板　结合图纸结施-08，按照楼梯大样图上标注的"休息平台板"的结构标高和位置信息，手动建立休息平台板构件，休息平台板的新建方法跟现浇板一致，如图 3-202 所示，点击板构件模块下，左上方切换到"分层 2"页签，用"直线"命令绘制休息平台板，将其绘制 2~3 轴交 E~F 轴所涉及的休息平台板区域，如图 3-203 所示。

图 3-200

图 3-201

图 3-202

图 3-203

　　休息平台板在软件中的属性定义、清单和定额的套用以及在绘图界面的绘制除标高不一样外，其它与现浇板都是一致的，这里不再赘述，按照现浇板的属性定义和绘制的方法绘制构件即可。只是休息平台板的标高与楼层中的现浇板相比较低，所以要在定义属性中设置标高，如图 3-204 所示，在其它的属性都设置完成之后，只需要对"顶标高"按照实际标高进行修改即可，如图 3-205 所示。

	属性名称	属性值	附加
1	名称	休息平台板	
2	厚度(mm)	100	☐
3	类别	有梁板	☐
4	是否是楼板	是	☐
5	材质	现浇混凝土	☐
6	混凝土类型	(普通混凝土)	☐
7	混凝土强度等级	C25	☐
8	混凝土外加剂	(无)	☐
9	泵送类型	(混凝土泵)	
10	泵送高度(m)		
11	顶标高(m)	1.75	☐
12	备注		☐
13	⊞ 钢筋业务属性		
24	⊞ 土建业务属性		
31	⊞ 显示样式		

图 3-204

图 3-205

　　选中"休息平台板"，利用"建模"模块"通用操作"菜单中"复制到其它层"的下拉菜单中选择"复制到其它层"功能，将其复制到二层、屋顶层。

　　首层板绘制好之后，点击"视图"模块-"通用操作"-"动态观察"，可以查看现浇板三维展示，也可以点击"通用操作"工具条中"动态观察"图标动态观察，如图 3-206 所示。

　　首层板绘制完成后，对于空调板的绘制跟现浇板一致，如图 3-207 所示。

图 3-206

图 3-207

3）识别板受力筋

① 前期板配筋图处理。点击"首层板配筋图"中，可以看到图纸中板受力筋 K8 代表 Φ 8@200 的钢筋信息，如图 3-208 所示，对于此类板钢筋标注，软件暂时不能直接处理，可以将其转换为具体的钢筋详细信息。点击"查找替换"按钮，选择需要查找的内容，替换为需要的标注，点击"全部替换"，就可以将标号 K8 转化为 Φ 8@200 的钢筋，软件才可以进行板受力筋的识别，如图 3-209 所示。确认无误后点击确定，如图 3-210 所示。图纸中的钢筋信息就可以被正确地替换过来，即可进行识别受力筋的操作，结果如图 3-211 所示。

图 3-208

图 3-209

图 3-210

图 3-211

② 提取板钢筋线和标注。

a. 切换到"首层板配筋图"中，在"建模"模块中，点击"板受力筋"页签，点击上方"识别受力筋"，在左上角绘图区域会弹出选择方式对话框，如图 3-212 所示。

b. 点击"提取板筋线"，选择任意板钢筋的边线，所有同图层的板钢筋线被选中且变颜色，右键确认即可，板钢筋线会从 CAD 图纸中消失，并且已经被提取到"已经提取的 CAD 图层"中。

图 3-212

c. 点击"提取板筋标注"，点击选择任意钢筋的标注。例如"C8－200"，所有同图层的钢筋标注都会被选中变颜色，右键确认，图纸中钢筋标注从 CAD 图层中消失，并且被提取到"已经提取的 CAD 图层"中。

图 3-213

③ 自动识别板筋。点击"自动识别板筋"按钮，弹出"识别板筋选项"界面，需要对无标注的负筋、板受力筋、跨板筋以及钢筋的伸出长度进行输入，如果未涉及未标注的钢筋，直接删除对应的钢筋信息，确认无误后点击确定即可，如图 3-213 所示。之后会弹出"自动识别板筋"窗口，需要对于窗口中的钢筋信息、钢筋类别进行逐一核对；若存在钢筋信息有误的，点击"◈"定位按钮，定位到图纸中进行查看修改，如图 3-214 所示；所有钢筋项检查无误后，点击"确定"按钮，弹出"自动识别板筋"窗口，直接点击"是"即可，如图 3-215 所示。

图 3-214

图 3-215

④ 校核板筋图元。识别完板受力筋后，需要对于板受力筋的图元进行校核，看是否符合图纸中对于板受力筋的布置要求，点击"校核板筋图元"按钮，弹出"校核板筋图元"窗口，如图 3-216 所示；对于校核提示内容需进行分类判断，双击即可定位查看、修改，具体处理方式如下。

a. 对于"布筋范围重叠"，可以与图纸中钢筋布置进行比对，没有问题可以忽略，或者与设计单位进行沟通修改图纸。

b. 对于"未标注板筋伸出长度"，可以双击该提示项定位到具体位置，选中该钢筋直接修改伸出长度即可，如图 3-217 所示。

图 3-216

图 3-217

对于板受力筋的布置，可以通过"识别受力筋"功能完成板受力筋的快速识别；但往往由于图纸中钢筋标注不规范、图层不一致等原因，对于受力筋的识别存在很大的错误情况，所以对于错误部位的钢筋需手动绘制板受力筋。由于钢筋需要通过手动绘制的方式进行修改，接下来介绍关于板受力筋手动绘制的基本流程。

⑤ 手动绘制板受力筋。

a. 绘制底筋、面筋。识别受力筋之后，对于图纸中未识别的板受力筋可通过布置受力筋方式来进行绘制，分析图纸 1～2 轴交 E～F 轴所涉及区域，B-100 配筋为：底筋为双向 K8，即⌀8@200。

b. 定义板受力筋。切换到"板受力筋"页签下，点击"构件列表"中"新建"按钮，直接点击"新建板受力筋"，按施工图定义板受力筋，在"属性列表"中修改相对应的信息，如图 3-218 所示。

图 3-218

（a）名称。结施图中没有定义受力筋的名称，用户可以根据实际情况输入较容易辨认的名称，这里按钢筋信息输入"C8@200-底筋"。

（b）钢筋信息。按照图中钢筋信息，输入"⌀8@200"。

（c）类别。在软件中可以选择底筋、面筋、中间层筋和温度筋，在此根据钢筋类别，选择"底筋"。

（d）左弯折和右弯折。按照实际情况输入受力筋的端部弯折长度，软件默认为 0，表示按照 0 计算，可按照同样的方法定义其它的受力筋。

c. 布置板受力筋。点击"布置受力筋"按钮，在工具栏上方的选项卡中可以看到布置受力筋的几种方式，如图 3-219 所示，本案例以 B-100 的受力筋布置为例，由施工图可知，B-100 的底筋在 X 向与 Y 向信息一致，这里采用"XY 方向"来布置，具体操作如下。

图 3-219

点击选中"单板""XY 方向"按钮，弹出"智能布置"窗口，直接选择"XY 向布置"方式，输入底筋 X 向、Y 向的钢筋信息为"C8@200"，如图 3-220 所示。左键选中需要布置的现浇板，即可完成板底筋的快速布置，如图 3-221 所示。

图 3-220

图 3-221

d. 绘制跨板受力筋。

（a）定义跨板受力筋。跨板受力筋的布置跟板底筋布置方法基本一致，分析图纸 1～2 交 D～F 轴区域，B-100 配筋为Φ8@125；绘制板 B-100 的跨板受力筋，如图 3-222 所示。

切换到"板受力筋"页签下，点击"构件列表"中"新建"按钮，直接点击"新建跨板受力筋"，按施工图定义跨板受力筋，在"属性列表"中修改相对应的信息，如图 3-223 所示。

图 3-222

图 3-223

在钢筋信息处，按照图中钢筋信息，输入"Φ8@125"；在左标注和右标注处，左右两边伸出支座的长度，根据图纸中的标注进行输入，一边为"0"，一边为"900"；在马凳筋排数处，根据实际情况输入；在标注长度位置处，可以选支座作中心线、支座内边线和支座外边线，根据图纸中标注的实际情况进行选择，根据此工程中结施-08"板配筋表示方法"的说明，应选择"支座内边线"；在分布钢筋处，结施-01 中说明受力钢筋直径小于 12mm 时，分布筋均为"Φ6@250"，因此此处输入"Φ6@250"，也可以在计算设置中对相应的项进行输入，这样就不用针对每一个钢筋构件进行输入了，如图 3-224 所示。

（b）布置跨板受力筋　选择相应跨板受力筋构件，点击"布置受力筋"按钮，在工具栏的选项卡中可以看到布置受力筋的几种方式，点击选中"单板""垂直"按钮，左键选择对应的现浇板即可布置上跨板受力筋，如图 3-225 所示。

图 3-224

图 3-225

（c）交换左右标注。对于跨板受力筋和负筋，存在左标注和右标注，绘图时如果要绘制反向，可以通过"交换左右标注"的功能来调整。

4）识别板负筋

① 提取负筋线和标注。在"建模"模块中，左侧点击"板负筋"页签，点击上方"识别

负筋"功能，左上角绘图区域会弹出识别对话框，如图 3-226 所示。本案例图纸由于负筋和跨板钢筋的图层为同一图层，所以在提取跨板钢筋的时候已经把负筋的信息提取出来，这个时候可以通过"还原 CAD"命令将已提取的跨板钢筋图层重新还原，左键拉框选中图纸，右键确定即可还原图层，如图 3-227 所示。需重新点击"识别负筋"提取负筋的标注信息，具体操作如下。

图 3-226

　　a. 点击"提取板筋线"，选择任意一根负筋的边线，所有负筋的边线被选中且高亮显示，右键确认即可，负筋线会从 CAD 图纸中消失，并且已经被提取到"已经提取的 CAD 图层"中。

　　b. 点击"提取板筋标注"，选择任意一个负筋标注。例如"C8@125"，所有负筋同图层的标注都会被选中变颜色，右键确认，负筋标注从 CAD 图层中消失，并且被提取到"已经提取的 CAD 图层"中。

　　② 自动识别板筋。点击"自动识别板筋"按钮，会弹出"识别板筋选项"的窗口，需要对图纸中未标注板筋长度、板筋信息进行输入，若图纸中不存在没有标注的板筋信息，需将相关信息删除，如图 3-228 所示，点击"确定"之后，会弹出"自动识别板筋"窗口，需要对负筋的钢筋信息、钢筋类别进行核对，如图 3-229 所示，确认信息无误点击"确定"，若弹出"自动识别板筋"提示，直接点击"是"，即可完成板负筋的识别，如图 3-230 所示。

图 3-227

识别板筋选项

选项

无标注的负筋信息	
无标注的板受力筋信息	
无标注的跨板受力筋信息	
无标注负筋伸出长度(mm)	900,1200
无标注跨板受力筋伸出长度(mm)	900,1200

提示：

1.识别前，请确认柱、墙、梁等支座图元已生成

2.板图元绘制完成

确定　取消

图 3-228

自动识别板筋

	名称	钢筋信息	钢筋类别	
1	FJ-C8@100	C8@100	负筋	◈
2	FJ-C8@125	C8@125	负筋	◈
3	FJ-C8@150	C8@150	负筋	◈
4	FJ-C8@200	C8@200	负筋	◈
5	FJ-C12@150	C12@150	负筋	◈
6	FJ-C12@200	C12@200	负筋	◈
7	K8_C8@200	C8@200	负筋	◈
8	KBSLJ-C8@125	C8@125	跨板受...	◈

确定　取消

图 3-229

图 3-230

③ 校核板筋图元。识别完板负筋后，需要对于板负筋的图元进行校核，看是否符合图纸中对于板受力筋的布置要求，点击"校核板筋图元"按钮，弹出"校核板筋图元"窗口，如图 3-231 所示；对于校核提示内容需进行分类判断，双击即可定位查看、修改，具体处理方式如下。

a. 对于"布筋范围重叠"，双击该提示项定位到具体位置，可以点击"查看布筋范围"功能，选中该负筋范围会变为蓝色，查看负筋的布置范围，与图纸中负筋的范围对比校核修改，如图 3-232 所示；

b. 对于"未标注板筋伸出长度"，可以双击该提示项定位到具体位置，选中该钢筋直接进行修改伸出长度即可，如图 3-233 所示。

图 3-231

图 3-232

图 3-233

对于板负筋的布置，可以通过"识别板负筋"功能完成板负筋的快速识别；但往往由于图纸中负筋标注不规范、图层不一致等原因，对于负筋的识别存在很大的错误情况，所以对于错误部位的钢筋需要通过手动绘制的方式进行修改，接下来介绍关于板负筋手动绘制的基本流程。

④ 手动绘制板负筋。识别负筋之后，对于图纸中的未识别板负筋可通过"布置负筋"方式来进行绘制，分析图纸 1～2 轴交 D～E 轴区域，B-100 的负筋标号为 K8，其代表 ⏀8@200 的负筋信息；负筋的标注长度分别为 400mm、900mm，如图 3-234 所示，需按照图纸要求布置板负筋。

a. 定义板负筋。切换到"板负筋"页签下，点击"构件列表"中"新建"按钮，直接点击"新建板负筋"，按施工图定义板负筋，在"属性列表"中修改相对应的信息，如图 3-235 所示。在名称处，结施图中没有定义负筋的名称，用户可以根据实际情况输入较容易辨认的名称，这里按钢筋信息输入"FJ-C8@200"；在钢筋信息处，按照图中钢筋信息，

图 3-234

图 3-235

输入"Φ8@200"；在左标注和右标注处，Φ8@200 负筋只有一侧标注，左标注输入"900"，右标注输入"0"；在单边标注位置处，根据图中实际情况，选择"支座内边线"。

　　b. 布置板负筋。点击"布置负筋"按钮，在工具栏上方的选项卡中可以看到布置负筋的几种方式，如图 3-236 所示，本案例以图纸 1~2 轴交 D~F 轴范围内负筋布置为例，由施工图可知，负筋 K8 的钢筋标注为Φ8@200，图纸中板筋是以梁为支座进行锚固，所以这里采用"按梁布置"方式来绘制，具体操作如下。

图 3-236

　　切换到板负筋的"构件列表"上，点击"布置负筋"按钮，选中工具选项卡中"按梁布置"功能，鼠标左键放置于梁的中心线上，会弹出负筋的选择位置提示，如图 3-237 所示，左键点击选择梁对应布置位置，钢筋方向需跟图纸一致后左键单击，即可完成板负筋的绘制；若生成的钢筋标注长度与图纸信息不一致的，需单独选中该钢筋线，左键双击即可进行标注长度的修改，如图 3-238 所示。

图 3-237	图 3-238

　　c. 交换左右标注。对于跨板受力筋和负筋，存在左标注和右标注，绘图时如果要绘制反向，可以通过"交换左右标注"的功能来调整。

　　首层板受力筋和负筋绘制完成后，对于空调板的钢筋绘制跟现浇板一致。点击"视图"模块-"通用操作"-"动态观察"可以查看现浇板三维展示，也可以点击"通用操作"工具条中"动态观察"图标动态观察，如图 3-239 所示。

图 3-239

(3) 现浇板构件做法套用

现浇板构件定义好后，需要进行做法套用，才能计算对应清单、定额工程量。

1）工程量清单和定额计算规则

① 清单计算规则见表 3-12。

表 3-12　板清单计算规则

编号	项目名称	单位	计算规则
010505001	有梁板	m³	按设计图示尺寸以体积计算，有梁板（包括主、次梁与板）按梁、板体积之和计算
011702014	有梁板　模板	m²	按模板与现浇混凝土构件的接触面积计算

② 定额计算规则见表 3-13。

表 3-13　板定额计算规则

编号	项目名称	单位	计算规则
5-1-31	现浇混凝土　有梁板	m³	按图示面积乘以板厚以体积计算；板的图示面积按下列规定确定： 1. 有梁板包括主、次梁及板，工程量按梁、板体积之和计算
5-1-32	现浇混凝土　无梁板	m³	2. 无梁板按板和柱帽体积之和计算； 3. 平板按图示体积算。伸入墙内的板头、平板边沿的翻檐，均并入平板体积内计算
18-1-92	现浇混凝土有梁板　复合木模板 钢支撑	m²	现浇混凝土构件与模板的接触面积计算，应注意： 1. 伸入梁、墙内的板头，不计算模板面积； 2. 周边带翻檐的板（如卫生间混凝土防水带等），底板的板厚部分不计算模板面积；翻檐两侧的模板，按翻檐净高度，并入板的模板工程量内计算；
18-1-96	现浇混凝土无梁板　复合木模板 钢支撑	m²	3. 板、柱相接时，板与柱接触面的面积≤0.3m²时，不予扣除；面积＞0.3m²时，应予扣除； 4. 现浇混凝土有梁板的板下梁的模板支撑高度，自地（楼）面支撑点计算至板底，执行板的支撑高度超高子目；
18-1-104	板支撑高度＞3.6m 以上每增 1m 钢支撑	m²	5. 柱帽模板面积按无梁板模板计算，其工程量并入无梁板模板工程量中，模板支撑超高按板支撑超高计算

2）清单套取　以首层 B-100 为例。

① 在"建模"模块"通用操作"页签下点击"定义"功能，选中对应构件列表新建好的板构件。

② 由表 3-12、表 3-13 可知，本案例板分有梁板及无梁板两种，其区分示意图见图 3-240（a）。选中 B-100 构件，左键双击弹出"定义"界面，切换到"构件做法"下方，套取相应的混凝土清单，点击"查询匹配清单"页签，弹出匹配清单列表，软件默认的是"按构件类型过滤"，如图 3-240（b）所示。在匹配清单列表中双击"010505001"名称是有梁板，单位 m³，此为清单项目混凝土体积，将其添加到做法表。也可在点击"添加清单"后直接在"编码"栏中输入 010505001001。

（a）有梁板与无梁板区分示意图　　　　（b）匹配清单列表

图 3-240

③ 描述项目特征。根据《房屋建筑与装饰工程工程量计算规范》（GB 50854—2013）规定，有梁板混凝土项目特征需描述混凝土的种类和强度等级两项内容。在《山东省建筑工程消耗量定额》（2016 版）中对于有梁板混凝土明确要求：按设计图示尺寸以体积计算，有梁板（包括主、次梁与板）按梁、板体积之和计算。

在项目特征列表中添加"混凝土种类"的特征值为"商品混凝土"，"混凝土强度等级"的特征值为"C30"；也可根据需要，通过点击清单对应的项目特征列；再点击三点按钮，弹出"编写项目特征"的对话框，填写特征值，然后点击确定，如图 3-241 所示。

3）有梁板定额套用　在《山东省建筑工程消耗量定额》（2016 版）中明确规定：按图示面积乘以板厚以体积计算，现浇混凝土构件与模板的接触面积计算。

图 3-241

点击"查询匹配定额"页签，软件默认的是"按构件类型过滤"过滤出对应的定额。在匹配定额列表中双击"5-1-31"定额子目，将其添加到清单"010505001"项下，如图 3-242所示。

	编码	类别	名称	项目特征	单位	工程量表达式
1	□ 010505001	项	有梁板	1. 混凝土种类: 商品混凝土 2. 混凝土强度等级: C30	m3	TJ
2	5-1-31	定	C30有梁板		m3	TJ
3	5-3-12	定	泵送混凝土 柱、墙、梁、板 泵车		m3	TJ

图 3-242

4）板模板清单及定额套用

① 套取模板清单。点击"查询匹配清单"页签，匹配清单列表中的"011702014"，名称也是"有梁板"，但其单位为 m^2，将其双击添加到做法表中，观察其表达式说明为"MBMJ"。

② 填写项目特征值。填写模板类型为"复合木模板"。

③ 套用板模板定额。点击"查询匹配定额"页签，软件默认的是"按构件类型过滤"过滤出对应的定额 18-1-92，或直接输入，其单位为 m^2，将其添加到做法表中，如图 3-243 所示。

	编码	类别	名称	项目特征	单位	工程量表达式
1	⊟ 010505001	项	有梁板	1. 混凝土种类:商品混凝土 2. 混凝土强度等级:C30	m3	TJ
2	5-1-31	定	C30有梁板		m3	TJ
3	5-3-12	定	泵送混凝土 柱、墙、梁、板 泵车		m3	TJ
4	⊟ 011702014	项	有梁板	1. 支撑高度:3.6m 2. 模板类型:复合木模板	m2	MBMJ
5	18-1-92	定	有梁板复合木模板钢支撑		m2	MBMJ+CMBMJ
6	18-1-104	定	板支撑高度>3.6m每增1m钢支撑		m2	CGMBMJ

图 3-243

5）做法刷复用到其它板构件　将有梁板的清单项目及定额子目套用好之后，可使用"做法刷"功能将其做法复用给其它构件。

将有梁板的清单和定额项目全部选中，点击"构件做法"的菜单栏中"做法刷"，此时软件弹出"做法刷"提示框，界面左端出现可供选择的构件名称，还可以选择按"覆盖"或"追加"的添加方式，如图 3-244 所示。

图 3-244

如此，将所有的现浇板都套相应的做法，可以计算出钢筋量，也可以计算出混凝土体积和模板面积。

（4）工程量汇总计算及查量

1）工程量计算可在"工程量"模块-"汇总"中调出，如图 3-245 所示。既可以通过"汇总计算"选择计算的工程量范围，如图 3-246 所示，也可以先选择要汇总的图元，点击"汇总选中图元"。计算汇总结束之后出现图 3-247 所示页面。

图 3-245

图 3-246

图 3-247

2）工程量查量

① 土建计算结果有两种查量方式，以图纸中首层现浇板 B-100 工程量为例，点击"工程量"模块-"土建计算结果"-"查看工程量"，"构件工程量"如图 3-248 所示；点击板构件，选择"做法工程量"，如图 3-249 所示。

图 3-248

编码	项目名称	单位	工程量	单价	合价
1 010505001	有梁板	m3	76.3179		
2 5-1-31	C30有梁板	10m3	7.67526	6001	46059.2353
3 5-3-12	泵送混凝土 柱、墙、梁、板 泵车	10m3	7.67526	128.46	985.9639
4 011702014	有梁板	m2	669.3985		
5 18-1-92	有梁板复合木模板 钢支撑	10m2	66.93985	548.95	36746.6307
6 18-1-104	板支撑高度＞3.6m 每增1m钢支撑	10m2	65.51585	39.31	2575.4281

图 3-249

② 钢筋计算结果可以通过"查看钢筋量""钢筋三维""编辑钢筋"三种方式来查看。分别切换到"板受力筋（S）"和"板负筋（F）"页签，分别选中现浇板 B-100，点击"工程量"模块-"钢筋计算结果"-"查看钢筋量"，可以看到现浇板在首层的钢筋总重量和不

同级别、不同直径钢筋重量，如图 3-250 和图 3-251 所示。

查看钢筋量					
导出到Excel					
钢筋总重量（Kg）：38.527					
楼层名称	构件名称	钢筋总重量（kg）	HRB400		
			6	8	合计
1 首层	KBSLJ-C8@125[1420]	38.527	6.37	32.157	38.527
2	合计	38.527	6.37	32.157	38.527

图 3-250

查看钢筋量				
导出到Excel				
钢筋总重量（Kg）：2.576				
楼层名称	构件名称	钢筋总重量（kg）	HRB400	
			8	合计
1 首层	FJ-C8@200[1374]	2.576	2.576	2.576
2	合计	2.576	2.576	2.576

图 3-251

　　点击"钢筋三维"可以查看钢筋在结构中的形状、排列和直径的差别，直观形象观察钢筋，如图 3-252 所示。"编辑钢筋"如图 3-253 所示，可以查看某一构件中钢筋筋号、直径、级别、图形、计算公式、长度、根数、重量等重要信息。

图 3-252

编辑钢筋									
❘< < > >❘ 🔼 🔽 📄插入 📄删除 📄缩尺配筋 📄钢筋信息 📄钢筋图库 📄其他 · 单构件钢筋总重(kg)：38.527									
筋号	直径(mm)	级别	图号	图形	计算公式	公式描述	长度	根数	搭接
KBSLJ-C8@125.1	8	Φ	64	70 ⌐2825⌐ 120	1550+1000+100-2*15+300-25+15*d	斜长+左标注+弯…	3015	27	0
2 分布筋.1	6	Φ	1	2850	2550+150+150	净长+搭接+搭接	2850	6	0
3 分布筋.2	6	Φ	1	1850	1550+150+150	净长+搭接+搭接	1850	4	0
4									

图 3-253

三种查量方式各有特色，可以根据需要选用。

（5）总结拓展

1）归纳总结　本节主要介绍了识别有梁板、板受力筋、板负筋的操作流程和步骤。介绍了在识别现浇板过程中对于板洞等构件的处理方法和现浇板手动绘制等相关流程，以及对于板受力筋、板负筋等图元校核出现的提示如何进行准确判断及修改。

　　介绍了关于楼梯休息平台板在软件中按照现浇板构件进行手动绘制，以及在属性中需要按照实际图纸高度调整对应的属性信息。介绍了对于有梁板构件需要计算的工程量，以及套用清单项目的方法。介绍了如何根据当地定额的规定补充完善工程量清单项目特征的方法，如何根据项目特征的描述套用定额子目的方法。介绍了快速套用做法的方法除"做法刷"功能外，还有"选配"功能。介绍了在定义构件做法时，灵活运用"构件过滤"功能提供的选项会使工作效率大幅度提高。介绍了汇总计算和查看土建工程量、查看钢筋工程量的几种方法。

　　2）拓展延伸

　　① 马凳筋。工程中涉及对于马凳筋的钢筋信息，一般在图纸中不会直接说明出来，需按照实际情况进行考虑，本案例考虑如下。

　　本工程马凳筋按以下设置：在马凳筋参数图定义时输入信息生成板中马凳筋，采用直径10mm钢筋，间距为1200mm；选择Ⅱ型；L1＝1500mm；L2＝板厚－上下两个保护层－2d（d 指马凳筋直径）；L3＝250mm，如图 3-254 所示。输入完成之后，点击"确定"，即可在属性中查看马凳筋的参数类型，如图 3-255 所示。

图 3-254　　　　　　　　　　　　　　　　　图 3-255

　　② 斜板定义。软件中提供了三种方式定义斜板，如图 3-256 所示。选择要定义的斜板，以利用坡度系数定义斜板为例，先按鼠标左键选择要定义的板，然后按左键选择斜板基准边，可以看到选中的板边缘变成淡蓝色，输入坡度系数，如图 3-257 所示，斜板就形成了，如图 3-258 所示。但此时墙、梁、板等构件并未跟斜板平齐。右键单击"平齐板顶"，选择梁、墙、柱图元，弹出确认对话框询问"是否同时调整手动修改顶标高后的柱、梁、墙的顶标高"，点击"是"，然后可利用三维查看斜板的效果。

图 3-256　　　　　　　　　图 3-257　　　　　　　　　　　图 3-258

（6）思考与练习

　　① 识别现浇板的基本流程分为几步？分别是什么？

　　② 识别板受力筋和板负筋的操作流程是什么？

　　③ 如何用坡度系数设置斜板？

④ 有梁板混凝土清单需要描述哪几个项目特征？

⑤ 有梁板模板清单需要描述哪几个项目特征？

⑥ 完成案例工程首层板配筋图的绘制及钢筋的识别、套做法以及工程量汇总。

3.5 BIM 二次结构工程计量

1. 能够正确定义并绘制二次结构如填充墙及门窗洞口、过梁、构造柱、台阶、散水，计算钢筋工程量、混凝土及模板工程量；

2. 能够正确套用二次结构的清单项目和定额子目。

1. 具备相应二次结构如填充墙及门窗洞口、过梁、构造柱的钢筋平法知识，能读懂图纸；

2. 了解二次结构的施工工艺；

3. 熟悉二次结构的工程量清单和定额计算规则。

3.5.1 任务说明

① 完成案例《BIM算量一图一练》中的专用宿舍楼图纸中二次结构如填充墙及门窗洞口、过梁、构造柱、台阶、散水的工程量计算；

② 完成专用宿舍楼二次结构如填充墙及门窗洞口、过梁、构造柱、台阶、散水的清单项目和定额子目套用。

3.5.2 任务分析

(1) 图纸分析

1) 填充墙　专用宿舍楼二次结构需认真分析图纸"建施-01 建筑设计总说明"和"结施-01 结构设计总说明"，本工程中涉及的填充墙均需计算砌块的工程量，首层层高为 3.6m。在建筑设计说明中对于墙体的材质进行单独注明"本工程墙体除特殊注明者外，均为 200 厚加气混凝土砌块，±0.000 标高以下外墙为 240 厚煤矸石烧结实心砖"，如图 3-259 所示，图纸中涉及填充墙类型主要信息如表 3-14 所示。在结构设计说明中对于各类填充墙需要通长设置Φ6@500 钢筋，构造柱、过梁等设计要求如图 3-260 所示。

4.墙体工程

4.1 墙体基础部分详见结施；构造柱位置及做法详见结施；除注明外轴线均居墙中。

4.2 材料与厚度：本工程墙体除特殊注明者外，均为200厚加气混凝土砌块，±0.000标高以下外墙为240厚煤矸石烧结实心砖。有地漏房间隔墙根部应先做200高C20素混凝土条带，遇门断开。

图 3-259

表 3-14　填充墙表

序号	类型	砌筑砂浆	材质	墙厚/mm	标高/m	备注
1	外墙	M5 混合砂浆	加气混凝土砌块	300	−0.05～+3.85	梁下墙
2	内墙	M5 混合砂浆	加气混凝土砌块	200	−0.05～+3.85	梁下墙
3	外墙	M5 混合砂浆	加气混凝土砌块	200	−0.05～+3.85	梁下墙
4	内墙	M5 混合砂浆	加气混凝土砌块	100	−0.05～+3.85	梁下墙

6.填充墙
 6.1 各类填充墙通长设置Φ6@500钢筋。当填充墙高度超过4m时，应在填充墙高度的中部或门窗洞口顶部设置墙厚（宽）×墙厚（高）并与混凝土柱连接的通长钢筋混凝土水平系梁，主筋4Φ10，箍筋Φ6@200。
 6.2 构造柱：填充墙构造柱除各层平面图所示外，悬墙端头位置、外墙转角（无剪力处）位置、墙长超过层高2倍的墙中位置均增加构造柱，构造柱截面为墙厚×200，主筋为4Φ10，箍筋Φ6@200。截面及配筋详见图7.6.2。构造柱具体位置详见建筑图。
 6.3 过梁：门窗洞口均设置过梁，过梁应与构造柱浇为一体。过梁遇混凝土墙、柱时改为现浇，过梁钢筋应预留，详见图7.6.3。

图 3-260

2）门窗洞口　本工程案例涉及的门窗表信息在图纸建施-09 中给出了具体的门窗尺寸，如图 3-261 所示，再结合对应图纸建施-03、建施-06、建施-07，就可以确定门窗洞口具体的平面位置和离地高度，从而绘制门窗洞口图元；但对于过梁的布置需要根据结构设计总说明给出的信息定义过梁构件，如图 3-262 所示；然后再根据各层门窗洞口所在位置分析是否需要过梁，继而进行布置即可。

3）构造柱　一层构造柱示意图如图 3-263，结构设计总说明中有关规定见图 3-264。

类别	门窗名称	洞口尺寸/(mm×mm)	门窗数量	备注
窗	C-1	1200×1350	4	墨绿色塑钢窗中空玻璃
	C-2	1750×2850	48	墨绿色塑钢窗中空安全玻璃
	C-3	600×1750	46	墨绿色塑钢窗中空玻璃
	C-4	2200×2550	4	墨绿色塑钢窗中空安全玻璃
门	M-1	1000×2700	40	塑钢门
	M-2	1500×2400	4	塑钢门
	M-2′	1500×2200	2	塑钢门
	M-3	800×2100	40	塑钢门
	M-4	1750×2700	44	墨绿色塑钢中空安全玻璃门，立面分格详见建施-9
	M-5	3300×2700	2	墨绿色塑钢中空安全玻璃门，立面分格详见建施-9
防火门	FHM乙	1000×2100	2	乙级防火门，向有专业资质的厂家定制
	FHM乙-1	1500×2100	2	乙级防火门，向有专业资质的厂家定制
防火窗	FHC	1200×1800	2	乙级防火窗，向有专业资质的厂家定制（距地 600mm）
	JD1	1800×2700	2	洞口高 2700mm
	JD2	1500×2700	2	洞口高 2700mm

注：门窗数量以实际工程为主，此表仅供参考。

图 3-261

3Φ12
Φ6.5@200

3Φ12

墙宽

梁长 = 洞宽+250×2
梁宽同墙宽过梁配筋

图 3-262

图 3-263

> 6.2 构造柱：填充墙构造柱除各层平面图所示外，悬墙端头位置。 外墙转角（无剪力处）位置、墙长超过层高2倍的墙中位置均增加构造柱，构造柱截面为墙厚×200，主筋为4Φ10，箍筋为Φ6@200。截面及配筋详见图7.6.2。构造柱具体位置详见建筑图。

图 3-264

（2）计算顺序分析

为保证工程算量的准确性，本工程中的二次结构计算顺序应为：填充墙→门窗洞口→过梁→构造柱→台阶→散水。

3.5.3　任务实施

3.5.3.1　砌体墙工程量计算

（1）相关平法知识

二次结构是指在一次结构（指主体结构的承重构件部分）施工完毕以后才施工的结构，其是相对于承重结构而言的，一般为非承重结构或围护结构，比如构造柱、过梁、止水反梁、女儿墙、压顶、填充墙、隔墙等。二次结构具体包括：填充墙、圈梁、过梁、构造柱、散水、台阶等。

1）墙体的分类　墙体按照结构受力情况不同，有承重墙、非承重墙之分。非承重墙包括隔墙、幕墙、填充墙等，具体分类如下。

①隔墙。指分隔内部空间且其重量由楼板或梁承受的墙，如图 3-265 所示。

②幕墙。主要悬挂于外部骨架间的轻质墙，如图 3-266 所示。

③填充墙。框架结构中填充在柱子之间的

U形龙骨
（横向龙骨）

平形接头

石膏板
自攻螺丝

C型龙骨
（竖向龙骨）

纸面石膏板

端墙支撑卡

贯通龙骨

平头自攻螺丝

图 3-265

墙称框架填充墙，框架结构的填充墙主要起围护和分隔作用，重量由梁柱承担，如图 3-267所示。

图 3-266

图 3-267

2）墙钢筋的分类　填充墙材料如果为砌块也可称为砌体墙。钢筋类型一般分为两类：一类是砌体通长筋，一类是砌体加筋和横向短筋，具体区别如下。

① 砌体通长筋。砌体通长筋的作用是为提高砌体墙整体性而设置的，属受力钢筋，故而又可以叫带筋砌体墙。一般在墙内横向通长布置，如图 3-268 所示。

② 横向短筋。与通长筋对应设置，一般会出现在图纸总说明中或者会在设计该部位的图纸上具体图示说明，如图 3-268 所示。

③ 砌体加筋。是根据抗震要求设置的在墙体与柱子的连接处伸入砌体一定长度（一般1000mm）的砌体拉筋。根据所处部位不同分不同种类，包括十字形、L 形、T 形、一字形，T 形如图 3-269 所示。

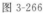

图 3-268

图 3-269

3）对于砌体墙钢筋在软件中的输入方式，砌体通长筋、横向短筋、砌体加筋输入方式如图 3-270 所示。

钢筋类型	输入格式	说明
砌体通长筋	2A10@500	排数＋级别＋直径＋间距；排数≤50，不输入排数时，默认为1排
横向短筋	格式1：A10@200	级别＋直径＋间距
	格式2：40C10	数量＋级别＋直径
砌体加筋	4A6@100	数量＋级别＋直径＋间距，数量没有输入时默认为1

图 3-270

砌体墙构件的识别可以通过"识别砌体墙"命令完成墙体的绘制。

（2）砌体墙绘制

识别砌体墙功能可以基于 CAD 识别中识别砌体墙，流程可以分为以下步骤：提取砌体墙边线→提取门窗线→提取墙标识→识别砌体墙。

1）提取砌体墙边线和门窗线

① 选择对应楼层"首层"，切换至"建模"页签，左键点击对应"砌体墙"构件。

② 点击"图纸管理"区域，导入首层建筑平面图；分割和定位首层建筑平面图，将"首层建筑平面图"添加到绘图工作区域，如图 3-271 所示。

在"建模"模块中，左侧点击"砌体墙"页签，点击上方"识别砌体墙"，在左上角绘图区域会弹出选择方式对话框，如图 3-272 所示。

图 3-271

图 3-272

③ 点击"提取砌体墙边线"，左键选择任意一条砌体墙的边线，所有砌体墙的边线被选中变色，右键确认即可，砌体墙会从 CAD 图纸中消失，并且已经被提取到"已经提取的 CAD 图层"中。

④ 点击"提取门窗线"，左键选择任意一根门窗的边线，所有门窗的边线被选变颜色，右键确认即可，门窗线会从 CAD 图纸中消失，并且已经被提取到"已经提取的 CAD 图层"中。

> 💡 **注意**：识别砌体墙时，建议先提取砌体墙边线，再提取门窗线，后提取墙标识，这样在门窗处的墙体会通长进行识别，方便后期进行门窗洞口的识别，所以需要对识别方法进行灵活调整和运用。

2）提取墙标识　点击"提取墙标识"，点击任意一个标注，所有墙厚同图层的标注都会被选中变颜色，右键确认，墙标注从 CAD 图层中消失，并且被提取到"已经提取的 CAD 图层"中；若图纸中没有进行墙标注的信息，直接右键确定即可。

3）识别砌体墙　点击"识别砌体墙"按钮，自动弹出"识别砌体墙"界面，本案例首层建筑平面图中砌体墙的平面位置如图 3-273 所示，需要根据图纸说明输入通长筋 C6@500 的钢筋信息以及砌体墙的材质，软件会自动提取图纸中砌体墙的厚度，如图 3-274 所示。需要对表中数据进行核对，无误后点击"自动识别"按钮，即可完成砌体墙的识别，如图 3-275 所示。

图 3-273

图 3-274

图 3-275

4）校核墙图元　识别完砌体墙后，需要对识别砌体墙图元进行校核，看是否符合图纸中关于砌体墙的平面布置要求，点击"校核墙图元"按钮，弹出"校核墙图元"窗口，如图 3-276 所示，需要对于砌体墙校核项提示进行双击定位，可以看到门窗部位的墙体是断开的，需进行修改，如图 3-277 所示。通过拉伸、直线绘制等命令完成门窗处墙体的修改，对于门窗处不封闭的墙体需手动进行延伸闭合，形成墙体封闭的区域，如图 3-278 所示。

图 3-276

图 3-277

但需注意的是：

① 虚墙在土建软件中是不存在的虚拟构件，只是起到空间分割的作用，需按照图纸 1 轴～2 轴和 13 轴～14 轴交 D 轴区域采用直线绘制虚墙构件，并以灰色显示，如图 3-279 所示。

图 3-278

图 3-279

② 首层砌体墙识别完成后，软件中默认的砌体墙类别都是内墙属性，需要对于砌体墙的内外墙类别进行手动判断；对于外墙部分的墙体，需在属性列表中单独修改"内/外墙标志"为外墙即可，具体结果如图 3-280 所示。

③ 对于手动新建绘制墙体，可作为 CAD 识别的补充内容，对 CAD 识别有问题部分可通过手动进行绘制，所以手动绘制可作为后期重点修改的常用方法；点击"构件列表"的"新建"功能，新建墙体，点击工具栏中"直线"命令，直接绘制即可，如图 3-281 所示。首层建筑平面图所有砌体墙绘制完成之后的效果图，如图 3-282 所示。

图 3-280

图 3-281

图 3-282

(3) 砌体墙构件做法套用

砌体墙构件绘制好后，需要进行做法套用，才能计算对应清单、定额工程量。

1) 工程量清单和定额计算规则

① 清单计算规则见表 3-15。

表 3-15　砌块墙清单计算规则

编号	项目名称	单位	计算规则
010402001	砌块墙	m³	按设计图示尺寸以体积计算

② 定额计算规则见表 3-16。

表 3-16　砖墙定额计算规则

编号	项目名称	单位	计算规则
4-2-1	加气混凝土砌块墙	m³	按设计图示尺寸以体积计算。计算墙体工程量时，应扣除门窗、洞口、嵌入墙内的钢筋混凝土柱、梁、圈梁、挑梁、过梁及凹进墙体的壁龛、管槽、暖气槽、消火栓箱所占体积。不扣除梁头、外墙板头、檩头、垫木、木楞头、沿椽木、木砖、门窗走头、墙内的加固钢筋、木筋、铁件、钢管及每个面积≤0.3m² 孔洞所占体积。突出墙面的窗台虎头砖、压顶线、山墙泛水、烟囱根、门窗套及三批砖以内的腰线和挑檐等体积亦不增加。突出墙面的砖垛、三皮砖以上的腰线和挑檐等体积并入所附墙体体积内计算

下面以首层砌体墙 Q2-200-外墙为例。

2) 砌块墙清单套用

① 在"建模"模块"通用操作"页签下点击"定义"功能，选中对应构件列表新建好的砌体墙构件。

② 选中砌体墙 Q2-200-外墙构件，左键双击弹出"定义"界面，切换到"构件做法"下方，套取相应的砌体墙清单，点击"查询匹配清单"页签，弹出匹配清单列表，软件默认的是"按构件类型过滤"。在匹配清单列表中双击"010402001"，名称为砌块墙，单位 m³，此为清单项目填充墙体积，将其添加到做法表。

③ 在项目特征列表中添加"砌块材质种类"的特征值为"加气混凝土砌块"，"墙体类型"的特征值为"填充墙"，"砂浆强度等级"的特征值为"混合砂浆 M5.0"。

3) 砌体墙定额套用　根据《房屋建筑与装饰工程工程量计算规范》（GB 50854—2013）规定的砌体墙项目特征，需描述砌块的材质种类、墙体类型、砂浆强度等级几项内容。在《山东省建筑工程消耗量定额》（2016 版）中对于砌块砌体套项有如下明确要求：按设计图示尺寸以体积计算。计算墙体工程量时，应扣除门窗、洞口、嵌入墙内的钢筋混凝土柱、梁、圈梁、挑梁、过梁及凹进墙体的壁龛、管槽、暖气槽、消火栓箱所占体积。不扣除梁头、外墙板头、檩头、垫木、木楞头、沿椽木、木砖、门窗走头、墙内的加固钢筋、木筋、铁件、钢管及单个面积≤0.3m² 孔洞所占体积。突出墙面的窗台虎头砖、压顶线、山墙泛水、烟囱根、门窗套及三批砖以内的腰线和挑檐等体积亦不增加。突出墙面的砖垛、三皮砖以上的腰线和挑檐等体积并入所附墙体体积内计算。因此需要描述清单的项目特征内容。

点击"查询匹配定额"页签，由于软件默认的是"按构件类型过滤"过滤出对应的定额，在匹配定额列表中双击"4-2-1"定额子目，将其添加到清单"010402001"项下，如

图 3-283 所示。

	编码	类别	名称	项目特征	单位	工程量表达式	表达式说明
1	⊟ 010402001	项	砌块墙	1.砌块品种、规格、强度等级:加气 混凝土砌块 2.墙体类型:200mm外墙 3.砂浆强度等级:混合砂浆 M5.0	m3	TJ	TJ〈体积〉
2	└ 4-2-1	定	M5.0混合砂浆加气混凝土砌块墙		m3	TJ	TJ〈体积〉

图 3-283

4）做法刷复用到其它砌体墙构件　将有砌体墙的清单项目及定额子目套用好之后，可使用"做法刷"功能将其做法复用给其它构件。将砌体墙的清单和定额项目全部选中，点击"构件做法"的菜单栏中"做法刷"，此时软件弹出"做法刷"提示框，界面左端出现可供选择的构件名称，还可以选择按"覆盖"或"追加"的添加方式，如图 3-284 所示。

图 3-284

如此，将所有的砌体墙构件都套相应的做法，可以计算钢筋量，也可以计算砌块的体积。

（4）工程量汇总计算及查量

工程量计算可在"工程量"模块"汇总"中调出，如图 3-285 所示。既可以通过"汇总计算"选择计算的工程量范围，如图 3-286 所示，也可以先选择要汇总的图元，再点击"汇总选中图元"。计算汇总结束之后出现图 3-287 所示页面。

图 3-285

图 3-286

图 3-287

土建计算结果可以有两种查量方式，以图纸中首层建筑平面图砌体墙 Q2-200-外墙工程量为例，点击"工程量"模块-"土建计算结果"-"查看工程量"，"构件工程量"如图 3-288 所示。点击墙构件，选择"做法工程量"如图 3-289 所示。

图 3-288

图 3-289

钢筋计算结果可以通过"查看钢筋量""编辑钢筋"两种方式来查看，需注意：砌体墙构件目前不支持"钢筋三维"查看；分别切换到"砌体墙（Q）"页签，分别选中砌体墙 Q2，点击"工程量"模块-"钢筋计算结果"-"查看钢筋量"，可以看到砌体墙 Q2 在首层的钢筋总重量和不同级别、不同直径钢筋重量，如图 3-290 和图 3-291 所示。

图 3-290

图 3-291

两种查量方式各有特色，可以根据需要选用。

（5）总结拓展

1）归纳总结　本节主要介绍了关于识别砌体墙的操作流程及步骤，介绍了在识别砌体墙过程中对于图纸中砌体墙边线、门窗线如何正确识别方法，以及在门窗处的墙体应该通长绘制的注意事项等。

介绍了关于砌体墙的通长筋、横向短筋、砌体加筋的区别及软件中的输入方式，以及如何进行钢筋量的汇总查看。介绍了对于砌体墙构件需要计算的工程量，以及套用清单项目的方法。介绍了如何根据当地定额的规定补充完善工程量清单项目特征的方法，如何根据项目特征的描述套用定额子目的方法。介绍了快速套用做法的方法除"做法刷"功能外，还有"选配"功能。介绍了在定义构件做法时，灵活运用"构件过滤"功能提供的选项会使工作效率大幅度提高。

2）拓展延伸

① 本工程涉及标高在±0.000以上砌体墙的砌块材质均为200mm厚的加气混凝土砌块，但是图纸中在有地漏房间的位置，隔墙根部应先做200mm高C20的素混凝土条带，遇门需断开，如图3-292所示。所以在图纸中地漏房间、隔墙位置，建议用"圈梁"构件代替绘制"200mm的素混凝土条带"，具体绘制方法如下。

四、墙体工程：
1. 墙体基础部分详见结施。构造柱位置及做法详见结施；除注明外轴线均居墙中。
2. 材料与厚度：本工程墙体除特殊注明者外，均为200mm厚加气混凝土砌块（±0.000标高以下外墙为240mm厚煤矸石烧结实心砖）。有地漏房间，隔墙根部应先做200高C20素混凝土条带，遇门断开。

图 3-292

图 3-293

a. 切换到"圈梁"页签下，点击"构件列表"中"新建"按钮，直接点击"矩形圈梁"，按施工图定义圈梁的尺寸：圈梁的截面宽度为依附该砌体墙的宽度，截面高度为200mm；在"属性列表"中修改相对应的信息，如图3-293所示。

b. 根据首层建筑平面图地漏及隔墙所在位置，需在卫生间和阳台区域绘制圈梁构件，点击"直线"命令，直接进行绘制即可，如图3-294所示。

② 软件中区分砌体内外墙属性类别，主要是为了方便后期布置散水、建筑面积、平整场地等零星构件，因而需要正确判断内外墙的标志信息，如图3-295所示。

（6）思考与练习

① 阐述砌体通长筋、砌体加筋以及横向短筋的区别。

② 识别砌体墙的基本流程分为几步？分别是什么？

③ 如何套取砌体墙清单以及砌体墙清单项目特征的描述？

④ 如何新建圈梁构件，并绘制门窗处的素混凝土条带？

⑤ 查看砌体墙钢筋量的方式有哪几种？分别是什么？

图 3-294

图 3-295

3.5.3.2　门窗洞口工程量计算

(1) 基础知识

1）门窗洞口的定义　门窗洞口是指在建筑施工图纸说明中表述的洞口尺寸信息，默认为砌体结构预留洞口的尺寸，不含装饰面层，如图 3-296 所示。一般对于砌筑墙的门窗洞口而言，会在砌筑墙体时提前进行预留门窗洞口的尺寸，如宽和高等，如图 3-297 所示。

图 3-296

图 3-297

2）过梁的定义和分类

① 当在墙体上开设门窗洞口时，且墙体洞口大于 300mm 时，为了支撑洞口上部砌体所传来的各种荷载，并将这些荷载传给门窗等洞口两边的墙，而在门窗洞口上设置的横梁，该梁称为过梁，如图 3-298 所示。

② 过梁的分类。常见的过梁的形式有钢筋砖过梁、砌砖平拱、砖砌弧拱和钢筋混凝土过梁、钢过梁、木过梁等。

a.钢筋砖过梁。即正常砌筑砖墙时中间夹钢筋的过梁，如图 3-299 所示。但对有较大振动荷载或可能产生不均匀沉降的房屋，不应采用砖砌过梁，而应采用钢筋混凝土过梁。

图 3-298

图 3-299

b. 砌砖平拱、弧拱。多为平拱、弧拱，用于洞口宽度小于1m的门窗洞口，如图3-300及图3-301所示。

c. 钢筋混凝土过梁。常用的过梁构件，多为预制构件；有矩形、L形等形式，宽度同墙厚，高度及配筋根据结构计算确定，两端伸进墙内不小于250mm，如图3-302所示。

3）门窗洞口过梁钢筋在软件中的输入方式　门窗洞口过梁的纵筋、侧面钢筋、箍筋、拉筋的处理方法跟框架梁输入方式完全一致，具体如图3-303所示。

图 3-300

图 3-301

图 3-302

钢筋类型	输入格式	说明
上（下）部纵筋	格式1：4C25	数量＋级别＋直径，有不同的钢筋信息用"＋"连接
	格式2：2C22＋2C25	
	格式3：4C12　2/2	当存在多样钢筋时，使用斜线"/"将各部分钢筋自上而下分开
	格式4：2C12/2C16	
全部纵筋	4C16 或 2C22	数量＋级别＋直径，有不同的钢筋信息用"－"连接
侧面钢筋（总配筋值）	格式1：4C16	梁两侧侧面筋的总配筋值
	格式2：C16@100	
箍筋	格式1：12C8（2）	数量＋级别＋直径＋肢数，肢数不输入时按肢数属性中的数据计算
	格式2：12C8@100（2）	数量＋级别＋直径＋@＋间距＋肢数
	格式3：C8@100（2）	级别＋直径＋@＋间距＋肢数
拉筋	格式1：4C16 或 C16	排数＋级别＋直径，不输入排数时按1排计算
	格式2：4C16@100	排数＋级别＋直径＋@＋间距

图 3-303

门窗洞口的识别可以通过"识别门窗洞"命令完成门窗洞口的绘制，对于过梁等相关构件可以直接按照门窗洞口一次性进行布置即可。

（2）门窗洞口绘制

下面结合专用宿舍楼案例工程介绍识别门窗洞的基本流程：识别门窗表→提取门窗线→提取门窗标识→自动识别。

1）识别门窗表

① 切换到左侧导航栏"门窗洞"页签，在"图纸管理"中，双击"首层建筑平面图"，"首层建筑平面图"添加到绘图工作区域，但前期由于在识别砌体墙过程中已经将门窗边线提取过来，所以需要点击"还原CAD"命令，将已提取的图层进行还原，重新进行提取识别。点击"还原CAD"按钮，左键拉框选中"首层建筑平面图"，选中图纸后右键即可还原已提取的图层，在图层管理页签下"CAD原始图层中"即可查看所还原的CAD，如

图 3-304 所示。

图 3-304

② 切换到图纸建施-09 中，点击调入门窗表，双击带有门窗表的 CAD 图纸将其调入绘图工作区。

③ 点击左侧"门窗洞"页签，找到"识别门窗表"功能，软件状态栏会出现"鼠标左键拉框选择门窗表，右键确认选择或 ESC 取消"的操作提示。

④ 鼠标左键拉框选择门窗表，右键确认选择，软件弹出"识别门窗表"窗口，软件自动匹配各个对应列，如图 3-305 所示。

下拉选择	名称	宽度*...	下拉选择	离地高度	类型	所属楼层
				门窗表	门	专用宿舍...
类别	门窗名称	洞口尺寸	门窗数量		门	专用宿舍...
窗	C-1	1200*1350	4		窗	专用宿舍...
	C-2	1750*2850	48		窗	专用宿舍...
	C-3	600*1750	46		窗	专用宿舍...
	C-4	2200*2550	4		窗	专用宿舍...
门	M-1	1000*2700	40	塑钢门	门	专用宿舍...
	M-2	1500*2700	6	塑钢门	门	专用宿舍...
	M-3	800*2100	40	塑钢门	门	专用宿舍...
	M-4	1750*2700	44	墨绿色塑...	门	专用宿舍...
	M-5	3300*2700	2	墨绿色塑...	门	专用宿舍...
防火门	FHMZ	1000*2100	2	乙级防火...	门	专用宿舍...
	FHMZ-1	1500*2100	2	乙级防火...	门	专用宿舍...
防火窗	FHC	1200*1800	2	乙级防火...	窗	专用宿舍...
	JD1	1800*2700	2	洞口高27...	墙洞	专用宿舍...
	JD2	1500*2700	2	洞口高27...	墙洞	专用宿舍...

提示:请在第一行的空白行中单击鼠标从下拉框中选择对应列关系

识别　　取消

图 3-305

从图中可以看到，第 1、4 列未匹配；第 5 列备注自动匹配为"离地高度"；M-2、M-2′ 的高度应为 2400mm、2200mm，需单独进行修改，M-2、M-2′ 的尺寸分别为 1500mm×2400mm、1500mm×2200mm；对于窗而言还需要单独设置离地高度等，具体详见图纸门窗说明信息。

⑤删除多余的行和列，添加缺少的行和列。对应列匹配成功后，使用界面中的"删除行"删除多余的行（如第2行），"删除列"删除多余的列（如第1、4、7列）；如果有些洞口在门窗表中未列出，则可以利用界面上的"插入行"添加构件，也可以利用"插入列"功能添加"离地高度"列等，如图3-306所示。

⑥点击"确定"，软件识别完成，弹出识别到的门、窗和洞口的数量，如图3-307所示。

图 3-306

2）修改门窗离地高度 切换到模块导航栏的"门窗洞"-"窗"-"定义"，调出窗的属性编辑器，依次修改各个窗的离地高度属性。如C-2的属性修改如图3-308所示，其它窗的属性请读者自行修改。

图 3-307

图 3-308

3）识别门窗洞口 识别首层门窗洞口的操作步骤如下。

①将首层建筑平面图调入绘图工作区，点击模块导航栏"识别门窗洞"按钮，弹出识别门窗洞口的界面。

②提取门窗边线。点击提示栏上的"提取门窗线"功能，出现图线选择方式对话框，状态栏下方会出现"鼠标左键或按Ctrl/Alt＋左键选择门窗洞边线，右键确认选择或ESC

取消"的操作提示，直接左键选择门窗洞边线，右键确认，所有门窗洞边线消失并被保存到"已经提取的 CAD 图层"中。

③ 提取门窗洞标识。点击工具栏"提取门窗洞标识"（图 3-309），按照状态栏的提示，选择任意一个门窗洞的标识，所有门窗洞标识被选中，右键确认选择，所有选中的门窗洞标识从 CAD 图中消失并被保存到"已经提取的 CAD 图层"中。

④ 识别门窗洞。点击"识别门窗洞"–"自动识别门窗洞"，识别完成后弹出如图 3-310 所示的窗口，点击"确定"，结束门窗洞口识别。

图 3-309

4）校核门窗洞口　门窗洞口识别完成之后，需要对于识别的门窗构件进行校核，看是否符合图纸中关于门窗洞口的布置要求。直接点击"校核门窗"按钮，弹出校核提示的窗口，如图 3-311 所示。对于存在问题的门窗洞构件，可以通过"点"命令或者点击"精确布置"按钮进行绘制，具体操作如下所示。

图 3-310

图 3-311

点击"精确布置"功能，在下方状态栏会提示"在墙上设置参考点。右键或 ESC 退出命令"；直接左键在砌体墙上设置参考点，输入偏移值；右键确定即可布置门窗洞口，如图 3-312 所示。点绘制相对比较简单，这里不再做赘述。

二层门窗洞口的识别方式与首层门窗洞口的方法一致，识别完成后对于个别存在问题的位置，为了计算的准确性，将其删除后，再点画布置即可，具体过程不再赘述。

(3) 过梁绘制

过梁构件是依附于门窗洞口而存在的，所以在软件中直接进行过梁绘制即可，具体的操作如下。

1）定义、新建过梁构件　切换到左侧导航栏"过梁"构件页签下，在构件列表中点击"新建"按钮，直接点击"新建矩形过梁"，根据图纸输入过梁的钢筋属性信息，如图 3-313 所示。

图 3-312

图 3-313

2）绘制过梁构件 过梁构件新建完成后，可以根据图纸中要求的门窗洞口处布置过梁构件，过梁构件布置有三种方式，分别为"点""智能布置""生成过梁"具体的操作如下所示。

① 点绘制是直接在门窗洞口处手动布置过梁的方式，选择"点"命令后，直接左键选择门窗洞口即可布置过梁构件。

② 智能布置是针对不同门窗洞口快速布置过梁的一种方式，可以按照"门窗洞口宽度""壁龛""飘窗"等进行布置，如图3-314所示；点击"门窗洞口宽度"按钮，会弹出"按门窗洞口宽度布置过梁"窗口，勾选默认布置的位置，设置好门窗洞口的宽度为"0≤洞口宽度（mm）≤1500"；确定之后即可完成过梁的快速布置，其它门窗洞口的方法基本一致，对其分别进行设置即可，如图3-315所示。

图 3-314

图 3-315

③ 生成过梁是根据图纸结构设计说明给出的过梁的钢筋信息，软件可以统一设置门窗洞口宽度、过梁的钢筋信息等参数，一次性生成所有门窗过梁的方式，如图3-316所示，填写完后点击"确定"，可以全楼层统一生成过梁构件，如图3-317所示。

图 3-316

图 3-317

图纸中涉及门窗洞口、过梁主要信息如表 3-17 所示。

表 3-17　门窗信息表

类别	名称	规格（洞口尺寸）		离地高度 /mm	门窗数量	备注
		宽/mm	高/mm			
窗	C-1	1200	1350	1350	4	墨绿色塑钢窗、中空玻璃
	C-2	1750	2850	150	48	墨绿色塑钢窗、中空安全玻璃
	C-3	600	1750	1250	46	墨绿色塑钢窗、中空玻璃
	C-4	2200	2550	450	4	墨绿色塑钢窗、中空安全玻璃
门	M-1	1000	2700	0	40	塑钢门
	M-2	1500	2400	0	4	塑钢门
	M-2′	1500	2200	0	2	塑钢门
	M-3	800	2100	0	40	塑钢门
	M-4	1750	2700	0	44	墨绿色塑钢、中空安全玻璃门，详见建施-09
	M-5	3300	2700	0	2	墨绿色塑钢、中空安全玻璃门，详见建施-09
防火门	FHM 乙	1000	2100	0	2	乙级防火门
	FHM 乙-1	1500	2100	0	2	乙级防火门
防火窗	FHC	1200	1800	0	2	乙级防火窗（距地 600mm）

（4）门窗洞口、过梁构件做法套用

门窗洞、过梁构件绘制好后，需要进行做法套用，才能计算对应清单、定额工程量。

1）工程量清单和定额计算规则

① 门窗清单计算规则见表 3-18。

表 3-18　门窗清单计算规则

编号	项目名称	单位	计算规则
010802001	金属（塑钢）门	m²	1. 以樘计量，按设计图示数量计算； 2. 以平方米计量，按设计图示洞口尺寸以面积计算
010805002	旋转门	m²	
010802003	钢质防火门	m²	
010807001	金属（塑钢、断桥）窗	m²	

② 门窗定额计算规则见表 3-19。

表 3-19　门窗定额计算规则

编号	项目名称	单位	计算规则
8-2-4	塑钢平开门	m²	按设计图示洞口尺寸以面积计算
8-2-7	钢质防火门	m²	

③ 过梁清单计算规则见表 3-20。

表 3-20 过梁清单计算规则

编号	项目名称	单位	计算规则
010503005	过梁	m³	按设计图示尺寸以体积计算，伸入墙内的梁头、梁垫并入梁体积内
011702009	过梁模板	m²	按模板与现浇混凝土构件的接触面积计算

④ 过梁定额计算规则见表 3-21。

表 3-21 过梁定额计算规则

编号	项目名称	单位	计算规则
5-1-22	过梁	m³	按设计图示尺寸以体积计算，过梁长度按设计规定计算，设计无规定时，按门窗洞口宽度，两端各加250mm计算
18-1-65	过梁复合木模板	m³	按混凝土与模板接触面积计算

2）清单套取

① 在"建模"模块"通用操作"页签下点击"定义"功能，选中对应构件列表新建好的门窗洞构件。

② 选中门构件 M1，左键双击弹出"定义"界面，切换到"构件做法"下方，套取相应的门窗洞清单，点击"查询匹配清单"页签，弹出匹配清单列表，软件默认的是"按构件类型过滤"，在匹配清单列表中双击"010802001"，名称为金属（塑钢）门，单位为樘，此为清单项目金属（塑钢门），将其添加到做法表。

过梁构件清单的添加方法基本一致，这里不再赘述。

3）描述有门窗清单项目特征并套用定额 根据《房屋建筑与装饰工程工程量计算规范》（GB 50854—2013）规定的门窗洞清单项目特征需描述门窗的洞口尺寸、门框、门扇的材质等几项内容，在《山东省建筑工程消耗量定额》（2016 版）中对于门窗洞套项明确要求：以平方米计量，按设计图示洞口尺寸以面积计算。因此需要描述清单的项目特征内容。

① 点击"查询匹配清单"页签，选中清单项"010802001"双击添加；点击清单行，点击工具栏上的"项目特征"。

② 在项目特征列表中添加 M1，"门窗洞口尺寸"的特征值为"1000×2700"，"门窗材质"的特征值为"金属（塑钢）门"，填写完成后的门窗表的项目特征如图 3-318 所示。也可通过点击清单对应的项目特征列；再点击三点按钮，弹出"编写项目特征"的对话框，填写特征值，然后点击确定，如图 3-319 所示。

图 3-318   图 3-319

③ 点击"查询匹配定额"页签，软件默认的是"按构件类型过滤"过滤出对应的定额，如图 3-320 所示；在匹配定额列表中双击"8-2-4"定额子目，将其添加到清单"010802001"项下。

过梁构件及模板做法套用跟门窗洞口做法套取一致，如图 3-321 所示，这里不再做过多赘述。

	编码	类别	名称	项目特征	单位	工程量表达式	表达式说明
1	010802001	项	金属(塑钢) 门	1. 门代号及洞口尺寸:M-1 1000*2700 2. 门框、扇材质:金属（塑钢）门	樘	SL	SL〈数量〉
2	8-2-4	定	塑钢平开门		m2	DKMJ	DKMJ〈洞口面积〉

图 3-320

	编码	类别	名称	项目特征	单位	工程量表达式	表达式说明
1	010503005	项	过梁	1. 混凝土种类:普通混凝土 2. 混凝土强度等级:C25	m3	TJ	TJ〈体积〉
2	5-1-22 H80210007 80210017	换	C20过梁　换为【C25现浇混凝土 碎石<31.5】		m3	TJ	TJ〈体积〉
3	011702009	项	过梁	模板类型:复合木模板	m2	MBMJ	MBMJ〈模板面积〉
4	18-1-65	定	过梁复合木模板木支撑		m2	MBMJ	MBMJ〈模板面积〉

图 3-321

4）做法刷复用到其它门窗洞口及过梁构件　将有门窗洞的清单项目及定额子目套用好之后，可使用"做法刷"功能将其做法复用给其它构件。

将门窗洞的清单和定额项目全部选中，如图 3-322 所示，点击"构件做法"的菜单栏中"做法刷"，此时软件弹出"做法刷"提示框，界面左端出现可供选择的构件名称，还可以选择按"覆盖"或"追加"的添加方式，如图 3-323 所示；门窗洞口做法复制过来后，需根据门窗表信息对门窗洞口尺寸单独选中之后进行修改即可，方法跟前面的输入方式一致，这里不再做过多赘述。

	编码	类别	名称	项目特征	单位	工程量表达式	表达式说明
1	010802001	项	金属(塑钢) 门	1. 门代号及洞口尺寸:M-5 3300*2700 2. 门框、扇材质:墨绿色塑钢 3. 玻璃品种、厚度:中空安全玻璃	樘	SL	SL〈数量〉
2	8-2-4	定	塑钢平开门		m2	DKMJ	DKMJ〈洞口面积〉

图 3-322

图 3-323

过梁构件的清单做法刷复用方法跟门窗洞洞口方法一致，这里不再做过多赘述。

如此，将所有的门窗洞口、过梁构件都套相应的做法，可以计算钢筋量，也可以计算门窗洞口的面积及过梁的混凝土体积、模板面积。

（5）工程量汇总计算及查量

工程量计算可在"工程量"模块-"汇总"中调出，如图 3-324 所示。既可以通过"汇总计算"选择计算的工程量范围，如图 3-325 所示，也可以先选择要汇总的图元，点击"汇总选中图元"。计算汇总结束之后出现图 3-326 所示。

图 3-324

图 3-325

图 3-326

土建计算结果有两种查量方式，以图纸首层建筑平面图中的门窗洞工程量为例，点击"工程量"模块-"土建计算结果"-"查看工程量"，"构件工程量"如图 3-327 所示，点击门窗洞口构件，选择"做法工程量"，如图 3-328 所示。

楼层	名称	洞口面积(m2)	框外围面积(m2)	外接矩形洞口面积(m2)	数量(樘)	洞口三面长度(m)	洞口宽度(m)	洞口高度(m)	洞口周长(m)
首层	FHM乙	4.2	4.2	4.2	2	10.4	2	4.2	12.4
	FHM乙-1	6.3	6.3	6.3	2	11.4	3	4.2	14.4
	M-1	51.3	51.3	51.3	19	121.6	19	51.3	140.6
	M-2	8.1	8.1	8.1	2	13.8	3	5.4	16.8
	M-3	35.28	35.28	35.28	21	105	16.8	44.1	121.8
	M-4	99.225	99.225	99.225	21	150.15	36.75	56.7	186.9
	M-5	17.82	17.82	17.82	2	17.4	6.6	5.4	24
	小计	222.225	222.225	222.225	69	429.75	87.15	171.3	516.9
合计		222.225	222.225	222.225	69	429.75	87.15	171.3	516.9

图 3-327

查看构件图元工程量

	编码	项目名称	单位	工程量	单价	合价
1	010802001	金属(塑钢)门	樘	19		
2	8-2-4	塑钢平开门	10m2	5.13	3401.08	17447.5404
3	010802001	金属(塑钢)门	樘	2		
4	8-2-4	塑钢平开门	10m2	0.81	3401.08	2754.8748
5	010802001	金属(塑钢)门	樘	21		
6	8-2-4	塑钢平开门	10m2	3.528	3401.08	11999.0102
7	010802001	金属(塑钢)门	樘	21		
8	8-2-4	塑钢平开门	10m2	9.9225	3401.08	33747.2163
9	010802001	金属(塑钢)门	樘	2		
10	8-2-4	塑钢平开门	10m2	1.782	3401.08	6060.7246
11	010802003	钢质防火门	樘	2		
12	8-2-7	钢质防火门	10m2	0.42	5829.74	2448.4908
13	010802003	钢质防火门	樘	2		
14	8-2-7	钢质防火门	10m2	0.63	5829.74	3672.7362

图 3-328

过梁的土建计算结果查询方式跟门窗洞口是一致的。如图 3-329 所示,点击"查看工程量"功能,可以查看过梁构件工程量和做法工程量,如图 3-330 所示;同样的也可点击"查看计算式"具体查看过梁的详细计算过程,如图 3-331 所示。

查看构件图元工程量

○ 清单工程量　○ 定额工程量　☑ 显示房间、组合构件量　☑ 只显示标准层单层量

楼层	名称	材质	混凝土类型	工程量名称					
				体积(m3)	模板面积(m2)	数量(个)	长度(m)	宽度(m)	高度(m)
1	首层	GL-1	混凝土	现浇混凝土碎石<20	0.2856	7.1655	22	23.8	2.2	2.64
2				小计	0.2856	7.1655	22	23.8	2.2	2.64
3			小计		0.2856	7.1655	22	23.8	2.2	2.64
4		小计			0.2856	7.1655	22	23.8	2.2	2.64
5	合计				0.2856	7.1655	22	23.8	2.2	2.64

图 3-329

查看构件图元工程量

	编码	项目名称	单位	工程量	单价	合价
1	010503005	过梁	m3	0.2856		
2	5-1-22 H80210007 80210017	C20过梁 换为【C25现浇混凝土 碎石<31.5】	10m3	0.02856	8869.45	253.3115
3	011702009	过梁	m2	7.1655		
4	18-1-65	过梁复合木模板木支撑	10m2	0.71655	885.08	634.2041

图 3-330

钢筋计算结果可以通过"查看钢筋量""编辑钢筋"两种方式来查看。但需注意,图纸中对于门窗洞口并未给出"门窗洞口加强筋"等相关钢筋信息,所以在这里不需要对于门窗洞口的钢筋信息进行查看。

图 3-331

对于过梁构件的钢筋量可以通过"查看钢筋量""编辑钢筋"两种方式来查看。需注意：过梁构件目前不支持"钢筋三维"查看；分别切换到左侧导航栏"过梁（G）"页签，分别选中过梁 GL1；点击"工程量"模块-"钢筋计算结果"-"查看钢筋量"，可以看到过梁 GL1 在首层的钢筋总重量和不同级别、不同直径钢筋重量，如图 3-332 和图 3-333 所示。

图 3-332

筋号	直径(mm)	级别	图号	图形	计算公式	公式描述	长度	根数	搭接	损耗(%)	单重(kg)	总重(kg)	钢筋归类	接头形式	钢筋类型
1 过梁上部纵筋.1	12	⊕	1	1400	1450-25-25	净长	1400	3	0	0	1.243	3.729	直筋	绑扎	普通钢筋
2 过梁下部纵筋.1	12	⊕	1	1400	1450-25-25	净长	1400	3	0	0	1.243	3.729	直筋	绑扎	普通钢筋
3 过梁箍筋.1	6.5	⊕	195	70 150	2*((200-2*25)+(120-2*…		615	8	0	0	0.16	1.26	箍筋	绑扎	普通钢筋

图 3-333

两种查量方式各有特色，可以根据需要选用。

（6）总结拓展

1）归纳总结　本节主要介绍了关于识别门窗洞的操作流程及步骤。介绍了在识别门窗洞过程中对于图纸中的门窗洞标注如何快速识别的方法，以及对于门窗校核问题部分如何进行手动布置的常见处理方法。介绍了关于过梁构件的几种新建方式，以及依附于门窗洞如何快速进行过梁的智能布置。介绍了关于门窗洞及过梁构件如何进行做法的相关套取，以及如何描述构件清单做法项的项目特征。分析了对于相同构件做法如何进行快速做法刷的应用和清单项目特征的准确修改。介绍了快速套用做法的方法除"做法刷"功能外，还有"选配"功能。介绍了在定义构件做法时，灵活运用"构件过滤"功能提供的选项会使工作效率大幅度提高。介绍了汇总计算和查看土建工程量、查看钢筋工程量的几种方法。

2）拓展延伸

①软件中对于门窗洞口的离地高度都是按照结构标高进行计算，但实际在布置过程中

一般是按照建筑标高进行设置。所以就会涉及建筑标高和结构标高的换算，需要在新建构件过程中对于门窗构件的属性信息进行及时的修改。

② 门窗洞口在布置过程中需注意门窗洞的离地高度，一般在建筑立面图中可以看到门窗的离地高度信息，直接修改门窗构件的属性信息即可，门窗洞的布置可以采用"点""精确布置"等方式灵活进行处理。

③ 过梁构件的布置和框架梁布置方法基本一致，但过梁构件在汇总计算之后，不能进行钢筋三维，需在汇总界面点击"编辑钢筋""查看钢筋量"进行工程量的查询。

④ 对于构造柱的绘制，软件中提供自动生成的功能，在左侧导航栏"构造柱（Z）"页签下，双击建模页签下菜单栏右侧"生成构造柱"功能，即可生成对应构造柱图元，操作方法跟框架柱一致，这里就不再做过多赘述，设置如图 3-334 所示。

图 3-334

(7) 思考与练习

① 识别门窗表的流程是怎样的？

② 识别门窗洞口的流程是怎样的？

③ 门窗表中洞口宽度或高度有错误如何进行修改？有几种修改方法？

④ 如何将一层的门窗洞口构件复制到二层？

⑤ 完成首层过梁构件的快速布置及过梁清单做法的套取。

3.6 BIM 楼梯工程工程计量

学习目标

1. 能够使用参数化输入正确定义，并绘制楼梯；

2. 能够正确套用楼梯构件的清单项目和定额子目；

3. 能够使用表格输入法计算楼梯梯板钢筋量。

学习要求

1. 具备相应楼梯构件钢筋平法知识，能读懂图纸；
2. 了解楼梯构件的施工工艺；
3. 熟悉楼梯构件的工程量清单和定额计算规则。

3.6.1 任务说明

1) 完成案例《BIM算量一图一练》专用宿舍楼图纸中楼梯构件的工程量计算；
2) 完成专用宿舍楼楼梯构件的清单项目和定额子目套用。

3.6.2 任务分析

（1）图纸分析

分析专用宿舍楼工程图纸建施-07、建施-08、结施-11及各层平面图可知，本工程有2部楼梯，即位于2～3轴与12～13轴交D～F轴间的1、2号楼梯，楼梯从一层开始到机房层；可知梯板类型为AT1型，梯板厚度120mm以及配筋、梯板长度、宽度、高度等信息；可知楼梯梯板、梯柱、梯梁、休息平台的位置关系。

依据定额计算规则，可以知道楼梯按照水平投影面积计算混凝土和模板面积。

（2）做法分析

楼梯梯板采用参数化输入定义，梯柱、梯梁、休息平台作为框架柱、框架梁、现浇板定义和绘制。

3.6.3 任务实施

3.6.3.1 基础知识

楼梯的形式按梯段可分为单跑楼梯（图3-335）、双跑楼梯（图3-336）和多跑楼梯。梯段的平面形状有直线、折线和曲线。

图 3-335   图 3-336

单跑楼梯最为简单，适合于层高较低的建筑；双跑楼梯最为常见，有双跑直上、双跑曲折、双跑对折（平行）等形式，适用于一般民用建筑和工业建筑；三跑楼梯有三折式、丁字式、分合式等，多用于公共建筑；剪刀楼梯是由一对方向相反的双跑平行梯组成，或由一对互相重叠而又不连通的单跑直上梯构成，剖面呈交叉的剪刀形，能同时通过较多的人流并节省空间；螺旋转梯是以扇形踏步支承在中立柱上，虽行走欠舒适，但节省空间，适用于人流较少、使用不频繁的场所；圆形、半圆形、弧形楼梯，由曲梁或曲板支承，踏步略呈扇形，花式多样，造型活泼，富有装饰性，适用于公共建筑。

3.6.3.2 楼梯工程量计算

楼梯可以按照水平投影面积布置，也可以绘制参数化楼梯，本案例工程按照参数化布置，其目的是方便计算楼梯底面抹灰等装修工程的工程量。

（1）新建楼梯构件

本工程以专用宿舍楼图纸为例，重点介绍楼梯构件的绘制流程。

切换到软件左侧模块导航栏"楼梯"页签下，点击"楼梯（R）"构件，点击"新建参数化楼梯"，如图 3-337 所示；选择"标准双跑 1"，单击"确定"按钮进入"选择参数化图形"对话框，如图 3-338 所示；按照结施-11 中的数据更改右侧绿色的字体，编辑完参数后单击"保存退出"即可，如图 3-339 所示。

图 3-337

图 3-338

图 3-339

（2）定义楼梯属性

根据案例图纸中给出的楼梯信息，点击到软件中修改对应楼梯的属性，如图 3-340 所示。但需要注意以下方面。

① 建筑图中楼梯给出的标高为建筑标高，软件中默认定义时是按照结构标高计算，需要在软件定义时将楼梯建筑标高调整为结构标高即可。

② 楼梯参数输入完成后，可以点击"属性编辑器"中的"参数图"按钮，弹出"参数图"的窗口，可以对楼梯的参数信息进行修改，如图 3-341 所示。

图 3-340

图 3-341

（3）楼梯绘制

楼梯构件的绘制是在土建建模过程中非常重要的环节，这里重点介绍一下楼梯绘制的基本方法。

① 切换到软件左侧导航栏"楼梯"模块下，找到"楼梯（R）"构件，点击新建好的楼梯构件"LT-1"，点击软件菜单栏上方的"点"命令；根据软件下方状态栏提示"按鼠标左键指定插入点，鼠标右键确认"即可进行楼梯构件的绘制。

② 点击图纸管理"一层平面图"中，找到楼梯的平面位置，点击"点"命令，直接按照对应图纸平面位置完成楼梯的绘制，如图 3-342 所示。

图 3-342

但需注意的是，一层楼梯构件绘制完成后，可以利用"复制到其它层"按钮快速复制一层楼梯到其它楼层，完成楼层间楼梯的绘制，具体操作如下。

在软件左侧导航栏"楼梯"页签下，找到绘制好的"楼梯"图元，点击软件菜单栏上方

的 "复制到其它层" 按钮, 选中需要复制的 "楼梯" 构件, 弹出 "复制图元到其它楼层" 的窗口, 如图 3-343 所示; 勾选需要复制的楼层打钩, 点击 "确定" 即可完成其它楼层间的复制, 如图 3-344 所示。

图 3-343

图 3-344

（4）做法套用

工程量清单、定额计算规则如下。

① 清单计算规则见表 3-22。

表 3-22　楼梯清单计算规则

编号	项目名称	单位	计算规则
010506001	直形楼梯	m²	按设计图示尺寸以水平投影面积计算，不扣除宽度≤500mm 的楼梯井，伸入墙内部分不计算
011702024	楼梯	m²	按楼梯（包括休息平台、平台梁、斜梁和楼层板的连接梁）的水平投影面积计算，不扣除宽度≤500mm 的楼梯井所占面积，楼梯踏步、踏步板、平台梁等侧面模板不另计算，伸入墙内部分亦不增加

② 定额计算规则见表 3-23。

表 3-23　楼梯定额计算规则

编号	项目名称	单位	计算规则
5-1-39	直形楼梯（板厚 100mm）无斜梁	m²	整体楼梯包括休息平台、平台梁、楼梯底板、斜梁及楼梯的连接梁、楼梯段，按水平投影面积计算，不扣除≤500mm 的楼梯井，伸入墙内部分不另增加。混凝土楼梯（含直形和旋转形）与楼板，以楼梯顶部与楼板的连接梁为界，连接梁以外为楼板；楼梯基础，按基础的相应规定计算
5-1-43	楼梯板厚每增减 10mm	m²	
18-1-110	直形楼梯模板	m²	现浇混凝土楼梯按水平投影面积计算，不扣除宽度小于 500mm 的楼梯井所占面积，楼梯的踏步、踏步板、平台梁等侧面模板不另计算，伸入墙内部分亦不增加

楼梯构件做法套用跟前面的框架柱、梁的方法是一致的, 这里不再做过多赘述, 套取结果如图 3-345 所示。

	编码	类别	名称	项目特征	单位	工程量表达式	表达式说明
1	⊟ 010506001	项	直形楼梯	1. 混凝土种类:普通混凝土 2. 混凝土强度等级:C30 3. 楼梯形式:无斜梁 4. 梯板厚度:120mm	m2	TYMJ	TYMJ〈水平投影面积〉
2	5-1-39 + 5-1-43 * 2	换	C30无斜梁直形楼梯 板厚100mm 实际厚度(mm):120		m2	TYMJ	TYMJ〈水平投影面积〉
3	5-3-14	定	泵送混凝土 其他构件 泵车		m3	TTJ	TTJ〈砼体积〉
4	⊟ 011702024	项	楼梯	1. 构件形式:直形	m2	TYMJ	TYMJ〈水平投影面积〉
5	18-1-110	定	楼梯直形木模板木支撑		m2	MBMJ	MBMJ〈模板面积〉

图 3-345

（5）楼梯工程量汇总计算及查量

所有楼梯构件绘制完成后，需要进行各层楼梯工程量的查询，查询方法跟前面主体结构构件的方法一致，这里不再做过多赘述，具体结果如图 3-346 所示。

	构件工程量	做法工程量				
	编码	项目名称	单位	工程量	单价	合价
1	010506001	直形楼梯	m2	22.11		
2	5-1-39 + 5-1-43 * 2	C30无斜梁直形楼梯 板厚100mm 实际厚度(mm):120	10m2	2.211	1664.29	3679.7452
3	5-3-14	泵送混凝土 其他构件 泵车	10m3	0.44866	197.7	88.7001
4	011702024	楼梯	m2	22.11		
5	18-1-110	楼梯直形木模板木支撑	10m2	3.81939	1772.7	6770.6327

图 3-346

3.6.3.3 表格输入法计算楼梯梯板钢筋量

通过"表格输入"功能运用参数输入法完成所有层楼梯的钢筋量计算。

本工程以"一层结构图纸中"1号楼梯为例，参考结施-11 及建施-08，读取梯板的相关信息，如梯板厚度，钢筋信息及楼梯具体位置。

楼梯构件钢筋在软件中是不能直接进行处理的，需要在"表格输入"中按照参数化计算梯板的工程量；对于梯梁、平台板、梯柱在软件中钢筋计算的方法和框架梁、现浇板、框架柱一致。这里重点介绍关于"梯板"钢筋的处理方法。

① 切换软件菜单栏上方到"工程量"模块下，找到"表格输入"按钮，如图 3-347所示。

图 3-347

② 点击"表格输入"按钮，会弹出对应"表格输入"弹窗，切换到"钢筋"页签下，点击新建构件功能，添加"AT1"梯板构件，在属性中输入梯板构件的数量"4"，如图 3-348 所示。

③ 新建梯板构件 AT1 后，单击软件右上方"参数输入"按钮，在弹出的"图集列表"中，选择相应的楼梯类型，如图 3-349 所示；在图集列表右侧对应窗口中按照结构图纸要求输入对应楼梯的钢筋参数，如图 3-350 所示；输入完成之后，点击"计算保存"按钮，即可自动计算楼梯梯板的钢筋工程量，并且在下方的表格框中会显示梯板钢筋的计算明细，如图 3-351 所示。

图 3-348

图 3-349

图 3-350

筋号	直径(mm)	级别	图号	图形	计算公式	公式描述	长度	根数	搭接	损耗(%)	单重(kg)	总重(kg)	钢筋归类	搭接形式	钢筋类型
1 梯板下部纵筋	12	⊕	3	3889	3300*1.118+100+100		3889	12	0	0	3.453	41.436	直筋	绑扎	普通钢筋
2 下梯梁端上部纵筋	10	⊕	149	1129 600 9014	3300/4*1.118+400+120-2*15		1412	10	0	0	0.871	8.71	直筋	绑扎	普通钢筋
3 梯板分布钢筋	8	Φ	3	1620	1620+12.5*d		1720	26	0	0	0.679	17.654	直筋	绑扎	普通钢筋
4 上梯梁端上部纵筋	10	⊕	149	1129 600 9014	3300/4*1.118+400+120-2*15		1412	10	0	0	0.871	8.71	直筋	绑扎	普通钢筋

图 3-351

④ 楼梯钢筋工程量汇总计算及查量。楼梯钢筋汇总计算完成后，可以点击软件菜单栏

上方的"查看报表"按钮，点击"设置报表范围"功能，会弹出"设置报表"的窗口，如图 3-352 所示，切换到"表格输入"页签下，勾选对应楼层，如图 3-353 所示。

图 3-352

图 3-353

3.6.4　总结拓展

3.6.4.1　任务总结

本节主要介绍了关于首层楼梯构件的新建及绘制，介绍了在楼梯构件的绘制过程中如何新建及修改属性信息，以及如何快速进行楼层间构件的快速复制等流程。介绍了如何进行楼梯做法的套取及汇总计算、查看楼梯土建工程量的方法。介绍了表格输入功能如何计算楼梯钢筋的操作流程，以及对于梯梁、休息平台和梯柱钢筋如何计算的方法。介绍了梯板钢筋在软件中如何进行钢筋工程量明细的查询方法。

3.6.4.2　拓展延伸

（1）组合楼梯的绘制

组合楼梯就是楼梯构件由单个构件新建完成后，进行组合绘制楼梯的一种方法，每个单个构件都要单独定义、单独绘制，具体操作流程如下所示。

1）组合楼梯构件定义

① 直形梯段定义。切换到软件左侧导航栏"楼梯"页签下，找到"直形梯段"构件，单击"新建直形梯段"，在"属性列表"中将图纸中楼梯的参数信息输入，如图 3-354 所示。

② 休息平台构件的定义。楼梯休息平台板的定义跟现浇板的方法一致，这里不再做过多赘述，具体结果如图 3-355 所示。

③ 梯梁构件的定义。楼梯梯梁构件的定义跟框架梁的方法一致，这里不再做过多赘述，具体结果如图 3-356 所示。

图 3-354　　　　　　　　图 3-355　　　　　　　　图 3-356

2）组合楼梯构件的绘制

① 梯段的绘制。切换到"一层建筑平面图"中，对于直形梯段可以通过"直线"命令，或者"矩形"命令进行绘制，按照图纸位置进行布置即可；布置完成后，需要点击"设置踏步边"按钮，单独设置梯板的"踏步边"，选择需要设置的梯板的踏步边，如图 3-357 所示；也可以单独设置梯板的踏步的方向。

② 休息平台、梯梁的绘制。休息平台、梯梁的绘制可参考现浇板、框架梁等部分，这里不再过多赘述，如图 3-358 所示。

图 3-357

图 3-358

（2）表格输入功能的作用

表格输入不仅可以处理楼梯的钢筋工程量，后期对于一些复杂构件，如集水坑、基础、桩承台等构件也可以通过表格输入进行计算。

对于表格输入的内容，如果不同楼层间存在相同的构件信息，可以通过"复制构件到其它楼层"按钮完成构件工程量的计算，方法跟前面的复制方法一致，这里不做过多赘述。

3.6.5 思考与练习

① 楼梯土建工程量基本绘制流程是什么？
② 软件中对于楼梯钢筋如何进行计算？
③ 分别介绍组合楼梯的基本绘制方法。
④ 介绍计取楼梯构件的工程量方法有哪些？

3.7 BIM 装饰工程工程计量

 学习目标

1. 能够正确定义并绘制房间装修构件，计算工程量；
2. 能够正确套用房间装修构件的清单项目和定额子目。

学习要求

1. 能读懂建筑设计说明中房间装修做法表；
2. 熟悉装修构件的工程量清单和定额计算规则。

3.7.1 任务说明

① 完成装修工程的楼地面、天棚、墙面、踢脚、吊顶的构件定义及做法套用；
② 建立房间单元，添加依附构件并绘制；
③ 汇总计算，统计装修工程的工程量。

3.7.2 任务分析

（1）分析图纸

《BIM算量—图—练》专用宿舍楼工程涉及的房间装修表信息在图纸建施-02中已经明确给出，对应的室内装修工程做法表如图 3-359 所示。需要根据装修工程做法表建立装修构件，再依据建筑平面图分别绘制不同的房间类型，如图 3-360 所示。

（2）绘制分析

通过点击"按房间识别装修表"按钮，可以将建筑设计说明中的室内装修做法表识别为软件中的装修构件，这个过程实质是相当于快速新建装修构件的过程；再通过建筑平面图中给出的房间平面位置信息，建立房间单元，添加依附构件并绘制到相应房间。

部位 房间名称	楼地面	楼面
门厅	花岗岩地面（楼面） 1. 20厚800×800花岗石板铺实拍平，擦缝 2. 黏结找平层 3. 80厚C15混凝土垫层 4. 素土夯实	3. 钢筋混凝土楼板
走道，宿舍	地砖地面（楼面） 1. 8～10厚800×800地砖铺实拍平，擦缝 2. 黏结找平层 3. 80厚C15混凝土垫层 4. 素土夯实	3. 钢筋混凝土楼板

图 3-359

图 3-360

3.7.3 任务实施

3.7.3.1 基础知识

(1) 装修的定义

土建装修工程包含室内外装修，如墙柱面抹灰、刮腻子、贴瓷砖等块料装饰，天棚吊顶、踢脚等装饰工程。由于室内外装饰工程的施工顺序存在先后差异，所以在施工过程中的顺序也不一样，具体如下所示。

主体施工结束、验收合格，即着手室内外装饰施工。原则上先内后外，先室内装饰施工，按楼层分流水段，自下向上、逐层推进；室外装饰按立面自上而下分段施工。

① 室内装饰工程：建筑主体验收合格→内粉刷、门窗框安装→楼地面施工→细木制品及楼梯栏杆、扶手安装→室内涂料、油漆等；

② 室外装饰工程：外墙砌体验收合格→外墙抹灰基层→门窗框安装→外墙面层装饰→门窗扇安装。

（2）装修构件

一般在土建专业中涉及的房间装修构件大致可以分为以下几类，包括楼地面、踢脚、内外墙裙、墙面、天棚和吊顶等构件，对于不同装修构件的做法，其工艺流程各不相同，这里以常见的几种装修构件为例，具体详见下述说明。

① 地砖楼地面。对于地砖楼地面的施工，需在室内粉刷、门窗基本施工完毕，管道已出屋面，楼面施工结束后方可进行。下面以地砖楼地面具体工艺流程为例介绍，如图 3-361 所示。

工艺流程：基层表面清理→测量放线、弹线、湿润→刷水泥素浆→水泥砂浆找平→铺设结合层→贴地砖→勾缝→贴踢脚线。

② 地砖踢脚。踢脚（包括踢脚板、踢脚线）是外墙内侧和内墙两侧与室内地坪交接处的构造。踢脚的主要作用是防潮和保护墙脚，还有防止扫地时污染墙面的作用。踢脚材料一般和地面相同，高度一般在 120～150mm，如图 3-362 所示。

图 3-361

图 3-362

③ 内外墙裙。墙裙是指墙面从地面向上一定高度内所做的装饰面层，如水泥砂浆墙裙、油漆墙裙、瓷砖墙裙等，形似墙的裙子，故名墙裙。

内墙裙类似于室内墙面，它跟内墙面区别是内墙面到顶，而内墙裙不到顶，如图 3-363 所示；外墙裙指外墙的外面墙裙，也称勒脚，如图 3-364 所示。

图 3-363

图 3-364

④ 墙面。墙身的外表饰面，分为室内墙面和室外墙面，墙面按墙体类别属性区分，有内墙墙面和外墙墙面之分。若按照构造、材料区分，常见的墙面有抹灰墙面、石材墙面、瓷砖墙面等，如图 3-365、图 3-366 所示。

图 3-365　　　　　　　　　　　　　　　　图 3-366

⑤ 天棚。指室内空间上部的结构层或装修层，为室内美观及保温隔热的需要，多数设顶棚，把屋面的结构层隐蔽起来，以满足室内使用要求，其又称天花、天棚、平顶，如图 3-367 所示。

⑥ 吊顶。指房屋居住环境的顶部装修的一种装饰，简单说就是指天花板的装饰，是室内装饰的重要部分之一。吊顶具有保温、隔热、隔声、吸声的作用，也是电气、通风空调、通信和防火、报警管线设备等工程的隐蔽层。常见的吊顶材质主要以轻钢龙骨加石膏板居多，如图 3-368 所示。

图 3-367　　　　　　　　　　　　　　　　图 3-368

3.7.3.2　房间装修构件绘制

下面结合专用宿舍楼案例工程介绍识别装修表绘制房间装修构件的基本流程，即识别房间装修表→修改装修构件属性→绘制房间装修构件。

(1) 识别房间装修表

识别房间装修表的操作步骤如下。

① 切换到左侧导航栏"装修"构件模块下，在"图纸管理"页签中，双击"首层建筑设计说明"图纸，添加到绘图工作区域；

② 双击建施-02 首层建筑设计说明，找到对应的"室内装修做法表"，拖至对应的识别区域中心；

③ 切换到左侧"装修"页签，找到"按房间识别装修表"功能，软件状态栏出现"鼠

标左键拉框选择装修表，右键确认选择或 ESC 取消"的操作提示；

④ 左键拉框选择"室内装修做法表"，鼠标左键拉框选择装修做法表，右键确认选择，软件弹出"按房间识别装修表"，选择对应列窗口，软件自动匹配各个对应列，如图 3-369 所示。

图 3-369

从图 3-369 中可以看到，左键拉框选中室内装修表会弹出"按房间识别装修表"窗口；在提示框中，从第 1 列到第 9 列的标题栏列属性名称跟图纸中识别的信息不相符；从第 1 行到第 11 行的房间装修做法行类别名称与实际图纸做法存在明显不对应，需单独进行相应修改。具体修改方法如下所示。

图 3-370

① 删除提示框中多余的行和列的信息。分别删除第 2、3、4 列和第 2、4、6、8、10、12 行，即先删除多余的行和列等无效的图纸信息，如图 3-370 所示。

② 对于删除后的"房间识别装修表"提示框中信息需依据图纸装修做法表进行逐一核对，分别选中不同的装修构件对应标题栏上方属性类别，即楼地面～楼地面、踢脚～踢脚、内墙面～内墙面、天棚～天棚。另外，对于在标题栏对应下方的不同构件做法需根据图纸进行描述，检查无误后，点击识别按钮，如图 3-371 所示。

　　③ 点击"确定"，房间装修表识别完毕，弹出识别到的房间装修构件，如图 3-372 所示。可以看到，房间装修表识别完成后，相当于快速新建装修构件。另外还可以看到，对于不同的房间类型，实质上内部的装修做法是各不相同的。所以识别装修表还可以实现对于不同的房间类型如何快速匹配不同的装修做法，具体操作如下。

图 3-371　　　　　　　　　　　　　　　　　　　图 3-372

　　切换到左侧导航栏"房间"页签，点击"房间"按钮双击，即可弹出"定义"的界面。切换不同的房间类型，可以看到不同的房间下对应的装修构件信息，如图 3-373 所示。

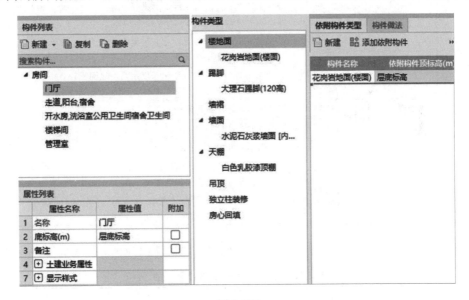

图 3-373

（2）修改装修构件属性

　　以专用宿舍楼房间中"踢脚"为例说明，切换到模块导航栏的"装修"-"踢脚"-"构件列表"，调出踢脚构件的属性编辑器，可以看到软件中踢脚默认的高度为 150mm。但图纸中对于踢脚的高度要求是 120mm，需进行单独的修改，如图 3-374、图 3-375 所示。其它类型踢脚构件的属性高度请读者自行修改。

图 3-374

图 3-375

3.7.3.3　房间装修构件做法套用

房间构件绘制好后，需要进行做法套用，才能计算对应工程量清单和定额。

(1) 工程量清单和定额计算规则

1）清单计算规则　楼地面装修清单计算规则见表 3-24。

表 3-24　楼地面装修清单计算规则

编号	项目名称	单位	计算规则
011102003	块料楼地面	m^2	按设计图示尺寸以面积计算。门洞、空圈、暖气包槽、壁龛的开口部分并入相应的工程量内
011102001	石材楼地面	m^2	按设计图示尺寸以面积计算。门洞、空圈、暖气包槽、壁龛的开口部分并入相应的工程量内
011105003	块料踢脚线	m^2/m	1. 以平方米计量，按设计图示长度乘高度以面积计算； 2. 以米计量，按延长米计算
011105002	石材踢脚线	m^2/m	1. 以平方米计量，按设计图示长度乘高度以面积计算； 2. 以米计量，按延长米计算
011407001	墙面喷刷涂料	m^2	按设计图示尺寸以面积计算
011204003	块料墙面	m^2	按镶贴表面积计算
011407002	天棚喷刷涂料	m^2	按设计图示尺寸以面积计算
011302001	吊顶天棚	m^2	按设计图示尺寸以水平投影面积计算。天棚面中的灯槽及跌级、锯齿形、吊挂式、藻井式天棚面积不展开计算。不扣除间壁墙、检查口、附墙烟囱、柱垛及管道所占面积，扣除单个大于 $0.3m^2$ 的孔洞、独立柱及与天棚相连的窗帘盒所占的面积

2）定额计算规则　楼地面装修定额计算规则（以地砖地面为例）见表 3-25。

表 3-25　楼地面装修定额计算规则

编号	项目名称	单位	计算规则
11-3-5	干硬性水泥砂浆石材块料楼地面（不分色）	m^2	找平层按设计图示尺寸以面积计算，门洞空圈、暖气包槽和壁龛的开口部分并入相应的工程量内
11-1-2	水泥砂浆在填充材料上 20mm	m^2	楼地面找平层和整体面层均按设计图示尺寸以面积计算。计算时应扣除凸出地面构筑物、设备基础、室内铁道、室内地沟所占面积，不扣除间壁墙及 $\leqslant 0.3m^2$ 的柱、垛、附墙烟囱及空洞所占面积，门洞、空圈、暖气包槽、壁龛的开口部分亦不增加
11-1-3	水泥砂浆每增减 5mm	m^2	

（2）清单套取

① 在"建模"模块"通用操作"页签下点击"定义"功能，选中对应构件列表新建好的装修构件，但需注意这里选择的构件是房间中的装修构件，而不是去选择"房间"的构件列表。

② 以专用宿舍楼中花岗石楼地面为例，选中花岗石楼地面构件，左键双击弹出"定义"界面，切换到"构件做法"下方，套取相应的石材楼地面清单，点击"查询匹配清单"页签，弹出匹配清单列表，软件默认的是"按构件类型过滤"，在匹配清单列表中双击"011102003"，名称为石材楼地面，单位 m^2，此为清单项目块料地面积，将其添加到做法表，如图 3-376 所示。

图 3-376

（3）描述石材楼地面清单项目特征并套用定额

根据《房屋建筑与装饰工程工程量计算规范》（GB 50854—2013）推荐的石材楼地面项目特征，需描述石材楼地面的材质种类、找平层厚度及砂浆配合比、结合层厚度及砂浆配合比等几项内容，在《山东省建筑工程消耗量定额》（2016 版）中对于块料楼地面套项有明确要求，因此需要描述清单的项目特征内容。

① 点击"查询匹配清单"页签，选中清单项"011102001"双击添加。点击清单行，点击工具栏上的"项目特征"。

② 在项目特征列表中添加"石材楼地面的材质种类"的特征值为"20mm 厚花岗岩石材"，"找平层厚度、砂浆配合比"的特征值为"水泥砂浆一道（内掺建筑胶）"；"结合层厚度、砂浆配合比"的特征值为"30mm 厚 1：3 干硬性水泥砂浆结合层，表面撒水泥粉"；填写完成后的石材楼地面的项目特征如图 3-377 所示。也可通过点击清单对应的项目特征列，再点击三点按钮，弹出"编写项目特征"的对话框，填写特征值，然后点击确定，如图 3-378 所示。

图 3-377　　　　　　　　　　　　　　图 3-378

③ 点击"查询匹配定额"页签，软件默认的是"按构件类型过滤"过滤出对应的定额；在匹配定额列表中双击"11-3-5"定额子目，将其添加到清单"011102001"项下，如图 3-379 所示。

对于其它的房间类型的装修构件，如地砖楼地面、防水地面的做法套取跟石材楼地面方法完全一致，如图 3-380 和图 3-381 所示，这里不再做过多赘述。

	编码	类别	名称	项目特征	单位	工程量表达式	表达式说明
1	⊟ 011102001	项	石材楼地面	1.找平层厚度、砂浆配合比:水泥砂浆一遍（内掺建筑胶） 2.结合层厚度、砂浆配合比:30mm厚1:3干硬性水泥砂浆结合层，表面撒水泥粉 3.面层材料品种、规格、颜色:20mm厚花岗岩石材	m2	KLDMJ	KLDMJ<块料地面积>
2	—— 11-3-5	定	石材块料 楼地面 干硬性水泥砂浆 不分色		m2	KLDMJ	KLDMJ<块料地面积>
3	—— 11-1-1	定	水泥砂浆 在混凝土或硬基层上 20mm		m2	DMJ	DMJ<地面积>
4	—— 11-1-3	定	水泥砂浆 每增减5mm		m2	DMJ*2	DMJ<地面积>*2
5	⊟ 010501001	项	垫层	1.混凝土种类:60mm厚普通混凝土 2.混凝土强度等级:C15	m3	KLDMJ*0.06	KLDMJ<块料地面积>*

图 3-379

	编码	类别	名称	项目特征	单位	工程量表达式	表达式说明
1	⊟ 011102003	项	块料楼地面	1.找平层厚度、砂浆配合比:30mm厚1:3水泥砂浆 2.结合层厚度、砂浆配合比:水泥砂浆1:3干硬性 3.面层材料品种、规格、颜色:8-10mm厚800mm*800mm地砖实拍平 4.部位:走道、宿舍、楼梯间、管理室	m2	KLDMJ	KLDMJ<块料地面积>
2	—— 11-3-5	定	石材块料 楼地面 干硬性水泥砂浆 不分色		m2	KLDMJ	KLDMJ<块料地面积>
3	—— 11-1-2	定	水泥砂浆 在填充材料上 20mm		m2	DMJ	DMJ<地面积>
4	—— 11-1-3	定	水泥砂浆 每增减5mm		m2	2*DMJ	2*DMJ<地面积>
5	⊟ 010501001	项	垫层	1.混凝土种类:80mm厚普通混凝土 2.混凝土强度等级:C15 3.部位:地砖地面	m3	KLDMJ*0.08	KLDMJ<块料地面积>*

图 3-380

	编码	类别	名称	项目特征	单位	工程量表达式
1	⊟ 010501001	项	垫层	1.混凝土种类:60mm厚普通混凝土 2.混凝土强度等级:C15 3.部位:防水地面	m3	KLDMJ*0.06
2	—— 2-1-28	定	C15无筋混凝土垫层		m3	KLDMJ*0.06
3	⊟ 010501001	项	垫层	1.混凝土种类:50mm厚细石混凝土0.5%找坡，最薄处40mm 2.混凝土强度等级:C15 3.部位:防水地面	m3	SPFSMJ*0.04
4	—— 11-1-4	定	细石混凝土 40mm		m2	SPFSMJ
5	⊟ 010904002	项	楼（地）面涂膜防水	1.防水膜品种:聚氨酯防水涂料 2.涂膜厚度、遍数:1.5mm厚 3.反边高度:150mm 4.部位:开水房、洗浴室、公用卫生间、宿舍卫生间、阳台	m2	LMFSMJSP
6	9-2-47 + 9-2-49 * -1	换	聚氨酯防水涂膜 厚2mm 平面 实际厚度(mm):1.5		m2	LMFSMJSP
7	⊟ 011102003	项	块料楼地面	1.找平层厚度、砂浆配合比:30mm厚1:3水泥砂浆 2.结合层厚度、砂浆配合比:水泥砂浆1:3干硬性 3.面层材料品种、规格、颜色:8-10mm厚300mm*300mm地砖铺实拍平 4.部位:开水房、洗浴室、公用卫生间、宿舍卫生间、阳台	m2	KLDMJ

图 3-381

但需注意的是，对于其它的装修构件，如踢脚、墙面、天棚和吊顶等装修构件，其构件做法的套取方法跟楼地面构件的一致，具体的做法套取如下。

① 踢脚构件的做法套取，如图 3-382、图 3-383 所示。

	编码	类别	名称	项目特征	单位	工程量表达式	表达式说明
1	⊟ 011105002	项	石材踢脚线	1.踢脚线高度:120mm 2.结合层厚度、材料种类:12mm厚1:2水泥砂浆 3.面层材料品种、规格、颜色:800mm*120mm深色大理石	m2	TJKLMJ	TJKLMJ<踢脚块料面积>
2	—— 11-3-20	定	石材块料 踢脚板 直线形 水泥砂浆		m2	TJKLMJ	TJKLMJ<踢脚块料面积>

图 3-382

	编码	类别	名称	项目特征	单位	工程量表达式	表达式说明
1	011105001	项	水泥砂浆踢脚线	1.踢脚线高度:120mm 2.面层厚度、砂浆配合比:M10水泥砂浆	m2	TJMHMJ	TJMHMJ<踢脚抹灰面积>
2	11-2-5	定	水泥砂浆踢脚线 12mm		m	TJMHCD	TJMHCD<踢脚抹灰长度>

图 3-383

② 内外墙构件的做法套取，如图 3-384～图 3-386 所示。

	编码	类别	名称	项目特征	单位	工程量表达式	表达式说明
1	011201001	项	墙面一般抹灰	1.墙体类型:内墙 2.底层厚度、砂浆配合比:14mmM10干混抹灰砂浆 3.面层厚度、砂浆配合比:6mmM10干混抹灰砂浆 4.装饰面材料种类:混合砂浆	m2	QMMHMJ	QMMHMJ<墙面抹灰面积>
2	12-1-4 + 12-1-16 * 8, + 12-1-16 * -3	换	水泥砂浆(厚9+6mm) 混凝土墙(砌块墙) 水泥抹灰砂浆1:2实际厚度(mm):14 水泥抹灰砂浆1:3实际厚度(mm):6		m2	QMMHMJ	QMMHMJ<墙面抹灰面积>
3	011407001	项	墙面喷刷涂料	1.基层类型:抹灰面、加气混凝土砌块墙 2.喷刷涂料部位:内墙面 3.涂料品种、喷刷遍数:乳胶漆	m2	QMMHMJ	QMMHMJ<墙面抹灰面积>
4	14-3-7	定	室内乳胶漆二遍 墙、柱面 光面		m2	QMMHMJ	QMMHMJ<墙面抹灰面积>

图 3-384

	编码	类别	名称	项目特征	单位	工程量表达式	表达式说明
1	011204003	项	块料墙面	1.墙体类型:内墙 2.安装方式:粘贴 3.面层材料品种、规格、颜色:全瓷砖 4.缝宽、嵌缝材料种类:嵌缝砂浆	m2	QMKLMJ	QMKLMJ<墙面块料面积>
2	12-2-23	定	水泥砂浆粘贴瓷砖 边长200X300mm 墙面、墙裙		m2	QMKLMJ	QMKLMJ<墙面块料面积>

图 3-385

	编码	类别	名称	项目特征	单位	工程量表达式	表达式说明
1	011204003	项	块料墙面	1.墙体类型:外墙 2.安装方式:粘贴 3.面层材料品种、规格、颜色: 8~10mm厚100mm*100mm白色面砖撑缝 4.缝宽、嵌缝材料种类:嵌缝砂浆	m2	QMKLMJ	QMKLMJ<墙面块料面积>
2	12-2-40	定	水泥砂浆粘贴瓷质外墙砖194X94 灰缝宽≤10mm		m2	QMKLMJ	QMKLMJ<墙面块料面积>

图 3-386

③ 天棚构件的做法套取，如图 3-387 所示。

	编码	类别	名称	项目特征	单位	工程量表达式	表达式说明
1	011301001	项	天棚抹灰	1.基层类型:混凝土 2.抹灰厚度、材料种类:12mm厚干混抹灰砂浆M10	m2	TPTYMJ	TPTYMJ<天棚投影面积>
2	13-1-3 + 13-1-6 * 7	换	混凝土面天棚 混合砂浆(厚度5+3mm) 水泥石灰抹灰砂浆1:0.5:3实际厚度(mm):12		m2	TPMHMJ	TPMHMJ<天棚抹灰面积>
3	011407002	项	天棚喷刷涂料	1.基层类型:抹灰面、混凝土板 2.喷刷涂料部位:天棚 3.腻子种类:满刮 4.涂料要求:一遍 5.涂料品种、喷刷遍数:白色乳胶漆两遍	m2	TPMHMJ	TPMHMJ<天棚抹灰面积>
4	14-3-9	定	室内乳胶漆二遍 天棚		m2	TPMHMJ	TPMHMJ<天棚抹灰面积>
5	14-4-11	定	满刮成品腻子 天棚抹灰面 二遍		m2	TPMHMJ*0.5	TPMHMJ<天棚抹灰面积>

图 3-387

(4) 做法刷复用到其它楼层装修构件

将有装修构件的清单项目及定额子目套用好之后，使用"做法刷"功能，可将其做法复用给其它楼层构件，下面以楼地面装修构件为例介绍。

将楼地面的清单和定额项目全部选中，如图 3-388 所示，点击"构件做法"的菜单栏中

"做法刷"，此时软件弹出"做法刷"提示框，界面左端出现可供选择的构件名称，还可以选择按"覆盖"或"追加"的添加方式，如图 3-389 所示。

	编码	类别	名称	项目特征	单位	工程量表达式	表达式说明
1	⊟ 011102003	项	块料楼地面	1. 找平层厚度、砂浆配合比:30mm厚 1:3水泥砂浆 2. 结合层厚度、砂浆配合比:水泥砂浆1:3干硬性 3. 面层材料品种、规格、颜色 8~10mm厚800mm*800mm地砖铺实拍平 4. 部位:门厅花岗岩楼地面	m2	KLDMJ	KLDMJ<块料地面积>
2	11-3-5	定	石材块料 楼地面 干硬性水泥砂浆 不分色		m2	KLDMJ	KLDMJ<块料地面积>
3	11-1-2	定	水泥砂浆 在填充材料上 20mm		m2	DMJ	DMJ<地面积>
4	11-1-3	定	水泥砂浆 每增减5mm		m2	2*DMJ	2*DMJ<地面积>

图 3-388

图 3-389

如此，将所有楼地面、踢脚、内外墙面、天棚装修构件都套用了相应的做法。

3.7.3.4 绘制房间装修构件

房间装修表识别完毕后，对于存在问题的装修构件属性需要进行单独的核查。确认无误后就需要将新建好的房间装修构件绘制到首层建筑平面图当中，具体的操作流程如下。

① 切换到"图纸管理"模块下，双击"首层建筑平面图"图纸，将图纸拖拽至绘图区域中心，如图 3-390 所示。

图 3-390

② 点击软件左侧导航栏下的"房间"构件列表上，切换到菜单栏上方"建模"页签中，会

看到在"绘图"选项卡中的"点"命令，对于房间装修绘制采用"点"绘制相对来说比较方便。

③ 直接点击"点"命令，找到在首层建筑平面图中的不同房间类型的平面位置，在上方的工具条中直接点击切换不同的房间类型，如图 3-391 所示，直接点击绘制即可，绘制完首层建筑平面图的房间装修后的效果，如图 3-392 所示。

图 3-391

图 3-392

但需注意的是，房间装修构件在软件中的处理方式有好几种，有"按构件识别装修表""按房间识别装修表""识别 Excel 装修表"三种方式，需根据不同的情况进行选择。具体三种方式的区别如下。

1）按"构件识别装修表"是指图纸中没有体现房间与房间内各装修之间的对应关系时，如图 3-393 所示。将 CAD 图中的装修表识别为软件的构件，具体操作流程如下。

装修一览表

类别	名称	使用部位	做法编号	备注
地面	水泥砂浆地面	全部	编号1	
楼面	陶瓷地砖楼面	一层楼面	编号2	
楼面	陶瓷地砖楼面	二至五层的卫生间、厨房	编号3	
楼面	水泥砂浆楼面	除卫生间、厨房外全部	编号4	水泥砂浆毛面找平

图 3-393

① 在图纸管理界面"添加图纸"，添加一张带有装修做法表的图纸；

② 在"建模"选项卡，在"识别房间"分栏下选择"按构件识别装修表"功能；

③ 左键拉框选择装修表，点击右键确认；

④ 在"识别装修表-选择对应列"对话框中，在第一列的空白行中单击鼠标左键，在下拉框中选择对应关系，点击"识别"按钮，如图 3-394 所示；

图 3-394

图 3-395

⑤ 识别成功后软件会提示识别到的构件个数，如图 3-395 所示。

2）按"房间识别装修表"是指图纸中明确了装修构件与房间的关系，如图 3-396 所示，这时可以使用"按房间识别装修表"功能，将 CAD 图中的装修表识别为软件中包含装修的构件，具体如下所示。

① 在图纸管理界面"添加图纸"，添加一张带有装修做法表的图纸；

② 在"建模"选项卡，在"识别房间"分栏下选择"按房间识别装修表"功能；

③ 左键拉框选择装修表，点击右键确认；

④ 在"识别房间表-选择对应列"对话框中，在第一列的空白行中单击鼠标左键，在下拉框中选择对应关系，点击"识别"按钮，如图 3-397 所示；

材料做法表

房间名称	楼地面		踢脚	内墙面		顶棚		楼层
大堂	花岗岩	地 19　楼 16A		花岗岩	内墙 47B. 47C	详见二次装修图		首层
首层电梯厅	花岗岩	楼 16A		花岗岩	内墙 47B. 47C	乳胶漆	棚 5B	首层

图 3-396

图 3-397

⑤ 识别成功后软件会提示识别到的构件个数，如图 3-398 所示。

3）"识别 Excel 装修表"实质是将 Excel 中的装修表识别为软件中的装修构件，操作方法跟前面的方法一致，这里不再过多赘述。

4）对于房间装修构件的布置，前提是对应房间布置范围一定是封闭的。如果出现提示布置区域不封闭，就需要重点检查是否存在不封闭的区域，单独进行修改即可。

如此就可以计算装修构件的工程量，这里不再做过多赘述。

3.7.3.5 工程量汇总计算及查量

工程量计算可在"工程量"模块-"汇总"中调出，如图 3-399 所示。既可以通过"汇总计算"选择计算的工程量范围，如图 3-400 所示。也可以先选择要汇总的图元，点击"汇总选中图元"。计算汇总结束之后出现图 3-401 所示。

图 3-398

图 3-399

图 3-400

图 3-401

土建计算结果可以有两种查量方式，本案例以首层楼地面装修构件为例，介绍如何进行土建工程量的查询，点击"工程量"模块-"土建计算结果"-"查看工程量"，"构件工程量"如图 3-402 所示。点击楼地面装修构件，选择"做法工程量"，如图 3-403 所示。

两种查量方式各有特色，可以根据需要选用。

3.7.4 总结拓展

3.7.4.1 归纳总结

本节主要介绍了关于房间装修构件的识别流程及方法，介绍在识别房间装修构件过程中对于不同形式的房间装修表如何进行正确识别，以及识别装修表过程中常见注意事项。

图 3-402

图 3-403

介绍了在识别完房间装修表后，对于房间装修构件的命名及属性信息如何进行修改和查看的方法。介绍了对于房间装修构件需要计算的工程量，以及套用清单项目的方法。介绍了如何根据当地定额的规定补充完善工程量清单项目特征的方法，如何根据项目特征的描述套用定额子目的方法。介绍了快速套用做法的方法除"做法刷"功能外，还有"选配"功能。介绍了在定义构件做法时，灵活运用"构件过滤"功能提供的选项会使工作效率大幅度提高。

3.7.4.2 拓展延伸

① 装修的房间必须是封闭的，在绘制房间图元时，要保证房间必须是封闭的，否则会

出现布置不上的情况，如图 3-404 所示。

　　② 在布置装修构件过程中，往往会出现不同类型的房间装修做法是不一样的情况，但是实际在布置时，会发现都是按照一种的装修做法去布置的，如图 3-405 所示。这时就需要用"虚墙"构件将不同的房间类型隔开，再分别布置不同的房间做法，如图 3-406 所示。

图 3-404

图 3-405

图 3-406

3.7.5　思考与练习

　　① 识别装修表的方式有几种？
　　② 如何识别房间装修表？
　　③ 如何修改房间名称？
　　④ 楼梯间房间应如何建立？建立时应注意哪些问题？
　　⑤ 识别房间的步骤和操作流程有哪几步？

3.8　BIM 零星构件工程计量

　学习目标

　　1. 能够正确定义并绘制台阶、散水、无障碍坡道、栏杆扶手、建筑面积、平整场地（土方工程）等构件，计算工程量；
　　2. 能够正确套用以上构件的清单项目和定额子目。

　　学习要求

　　1. 了解台阶、散水、无障碍坡道、栏杆扶手、建筑面积、平整场地等零星构件的施工工艺；
　　2. 熟悉台阶、散水、无障碍坡道、栏杆扶手、建筑面积、平整场地等零星构件清单及定额计算规则；
　　3. 能从图纸读取零星构件与计量有关的图纸信息。

3.8.1 任务说明

① 完成案例《BIM 算量一图一练》专用宿舍楼图纸中台阶、散水、无障碍坡道、栏杆扶手、建筑面积、平整场地等零星构件的工程量计算；

② 完成专用宿舍楼台阶、散水、无障碍坡道、栏杆扶手、建筑面积、平整场地等零星构件的清单项目和定额子目套用。

3.8.2 任务分析

根据建施-03、建施-04 和建施-05 各层平面图计算专用宿舍楼的建筑面积。根据建施-03 一层平面图和结施-02 基础平面布置图计算土方工程量。

根据建施-03 首层平面图找到相对应的台阶、散水、无障碍坡道的位置，并根据建施-10、建施-11 节点大样图提供的信息，按照建筑平面图所示尺寸绘制。

根据建施-06、建施-07 立面图和建施-10、建施-11 节点大样图提供的信息，计算出栏杆和扶手工程量。

3.8.3 任务实施

3.8.3.1 基础知识

(1) 零星构件的种类

零星构件这里主要介绍台阶、散水、无障碍坡道、栏杆扶手、建筑面积、平整场地等零星构件，具体的区分如下所示。

① 台阶：是设在建筑物出入口的辅助配件，用来解决建筑物室内外的高差问题，一般建筑物多采用台阶，如图 3-407 所示；

② 散水：指在建筑物周围铺的用以防止雨水渗入基础的保护层。为了保护墙基不受雨水侵蚀，常在外墙四周将地面做成向外倾斜的坡面，以便将屋面的雨水排至远处，称为散水，这是保护房屋基础的有效措施之一，如图 3-408 所示；

图 3-407

图 3-408

③ 无障碍坡道：在建筑的入口、室内走道及室外人行通道的地面有高低差和台阶时，必须设符合轮椅通行的坡道，如图 3-409 所示；

④ 栏杆扶手：是在建筑物上的一种保护性并且是整体起到拦隔作用的构筑物，一般是垂直的，如图 3-410 所示；

⑤ 建筑面积：是指建筑物水平面面积，即外墙勒脚以上各层水平投影面积的总和，如图 3-411 所示；

⑥ 平整场地：是指室外设计地坪与自然地坪平均厚度在±0.3m 以内的就地挖、填、找平，如图 3-412 所示。

图 3-409

图 3-410

图 3-411

图 3-412

（2）工程量清单和定额计算规则

① 清单计算规则见表 3-26。

表 3-26　其它构件清单计算规则

编号	项目名称	计量单位	计算规则
010507005	扶手、压顶	m/m³	① 按设计图示的中心线延长米计算； ② 按设计图示尺寸以体积计算
011702025	其它现浇构件模板	m²	按模板与现浇混凝土构件的接触面积计算
010507001	散水、坡道	m²	按设计图纸尺寸以水平投影面积计算。不扣除单个≤0.3m² 的孔洞所占面积
010507004	台阶混凝土	m²	① 以平方米计量，按设计图示尺寸水平投影面积计算； ② 以立方米计量，按设计图示尺寸以体积计算
011107004	水泥砂浆台阶面	m²	按设计图示尺寸以台阶（包括最上层踏步边沿加 300mm）水平投影面积计算

续表

编号	项目名称	计量单位	计算规则
011702027	台阶模板	m²	按设计图纸尺寸以水平投影面积计算，两侧端头不再计算模板面积
010101001	平整场地	m²	按设计图纸尺寸以建筑物首层建筑面积计算

② 定额计算规则见表 3-27。

表 3-27　其它构件定额计算规则

编号	项目名称	计量单位	计算规则
16-6-80	混凝土散水	m²	散水、坡道均根据山东省标准图集《13 系列建筑标准设计图集》以面积计算
16-6-83	水泥砂浆（带礓磋）坡道 3：7 灰土垫层 混凝土 60 厚	m²	
5-1-52	C30 台阶	m³	按设计图示尺寸，以体积计算
5-1-21	C20 圈梁及压顶	m³	
15-3-3	不锈钢管扶手 不锈钢栏杆	m	按长度计算

3.8.3.2　零星构件绘制及做法套用

（1）台阶

专用宿舍楼工程台阶的布置需要按照首层建筑平面图进行精确绘制。

1）台阶的绘制

① 切换到左侧导航栏其它构件页签中，找到"台阶"构件，点击新建按钮，如图 3-413 所示。

② 点击图纸管理，双击首层建筑平面图，切换到台阶的平面图当中，找到台阶的位置信息，如图 3-414 所示。

图 3-413

图 3-414

③ 点击软件工具栏上方的"直线"命令，按照台阶的边线直接进行绘制，绘制完成之后效果如图 3-415 所示。

④ 点击"设置踏步边"功能，按照下方状态栏提示"按鼠标左键拾取踏步边，右键确认"，会弹出"设置踏步边"窗口，输入对应的踏步个数和宽度，如图 3-416 所示；点击确定即可布置成功，如图 3-417 所示。

| 图 3-415 | 图 3-416 | 图 3-417 |

2）做法套用　台阶构件做法套用跟前面的框架柱、梁的方法是一致的，这里不再做过多赘述，套取结果如图 3-418 所示。

	编码	类别	名称	项目特征	单位	工程量表达式	表
1	⊟ 010507004	项	台阶	1.踏步高、宽:高150mm,宽300mm 2.混凝土种类:普通混凝土 3.混凝土强度等级:C15	m3	TJ	TJ〈体积〉
2	16-6-86	定	水泥抹面混凝土台阶 灰土垫层		m2	MJ	MJ〈台阶整
3	5-1-52 H80210021 80210001	换	C30台阶 换为【C15现浇混凝土 碎石<20】		m3	TJ	TJ〈体积〉
4	⊟ 011702027	项	台阶	1.台阶踏步宽:300mm	m2	MJ	MJ〈台阶整
5	18-1-115	定	台阶木模板木支撑		m2	MJ	MJ〈台阶整

图 3-418

（2）散水

1）散水的绘制　结合建施-03、建施-10 可以从平面图、剖面图得到散水的信息，本层散水的宽度为 900mm，沿建筑物周围布置，具体的操作如下。

① 切换到软件左侧导航栏中其它构件页签下，找到"散水"构件，点击新建按钮，在下方属性编辑器中输入相应的属性值，如图 3-419 所示。

② 点击图纸管理，双击首层建筑平面图，切换到散水的平面图当中，找到散水边线的位置信息，如图 3-420 所示。

| 图 3-419 | 图 3-420 |

③ 点击软件工具栏上方的"智能布置"命令，选择"外墙外边线"，根据下方状态栏中的提示"按鼠标左键选择图元或拉框选择，右键确认"；左键拉框选择对应的首层平面图中的图元，右键确定，会弹出"设置散水宽度"，如图 3-421 所示；输入散水宽度，点击确定即可完成散水构件的布置，如图 3-422 所示。

图 3-421

图 3-422

但需注意的是，散水构件在布置过程中可能会出现布置不上、提示未封闭等现象，出现这些现象有以下两种原因。

① 布置散水过程中墙体未封闭，存在不闭合区域，导致散水无法布置。

② 墙体属性类别不是外墙类别，散水构件是依附于外墙构件去生成，所以导致无法生成。

2）做法套用 散水构件做法套用跟前面的框架柱、梁的方法是一致的，这里不再做过多赘述，套取结果如图 3-423 所示。

	编码	类别	名称	项目特征	单位	工程量表达式	表达式说明
1	⊟ 010507001	项	散水、坡道	1. 垫层材料种类、厚度:150mm厚散水 2. 7灰土垫层 3. 面层名称:60mm细石混凝土面层、 水泥砂浆随打随抹光 4. 混凝土种类:普通混凝土 5. 混凝土强度等级 C15 5. 变形缝填塞材料种类:沥青砂浆 6. 构件类型:室外散水	m2	MJ	MJ<面积>
2	16-6-60 H80210011 80210001	换	混凝土散水 3:7灰土垫层 换为【C15现浇混凝土 碎石<20】		m2	MJ	MJ<面积>
3	⊟ 011702029	项	散水	模板类型:复合木模板	MBMJ	MBMJ	MBMJ<模板面积>
4	18-1-1	定	混凝土基础垫层木模板		m2	MBMJ	MBMJ<模板面积>

图 3-423

（3）无障碍坡道

1）无障碍坡道的绘制 结合建施-03、建施-11 可以从平面图、剖面图得知坡道 1200mm 宽，位于建筑物东侧入口。由于软件中未提供坡道构件，因而本工程采用现浇板构件绘制坡道，具体操作如下所示。

① 切换到软件左侧导航栏中其它构件页签下，找到"板"构件，点击新建按钮，在下方属性编辑器中输入相应的属性值，如图 3-424 所示。

② 坡道属于面式构件，因此可以直线绘制、点绘制和矩形绘制。由于坡道在建筑物外侧，所以采用直线画法较方便。绘制完成后的无障碍坡道如图 3-425 所示。

	属性名称	属性值	附加
1	名称	汽车坡道	
2	厚度(mm)	70	
3	类别	平板	☐
4	是否是模板	否	☐
5	材质	现浇混凝土	☐
6	混凝土类型	(普通混凝土)	☐
7	混凝土强度等级	C15	☐
8	混凝土外加剂	(无)	
9	泵送类型	(混凝土泵)	
10	泵送高度(m)		
11	顶标高(m)	1.75	☐
12	备注		
13	⊞ 钢筋业务属性		
24	⊞ 土建业务属性		
31	⊞ 显示样式		

图 3-424

图 3-425

2）做法套取　平整场地构件做法套用跟前面的框架柱、梁的方法是一致的，这里不再做过多赘述，套取结果如图 3-426 所示。

⊟ 010507001	项	散水、坡道	1.垫层材料种类、厚度:碎石垫层80mm 2.面层厚度:70mm厚 3.混凝土种类:现拌 4.混凝土强度等级:C15 5.表面:20mm厚撒抹砂浆,表面每100mm划出横向纹道	m2	MJ	MJ〈面积〉

图 3-426

（4）栏杆扶手

1）栏杆扶手的绘制

结合建施-07、建施-11 可以从立面图、剖面图得到栏杆扶手的尺寸信息，再根据图中栏杆扶手的详图信息完成构件的绘制；这里以空调板的栏杆扶手为例，其它楼梯栏杆扶手、窗扶手等与空调板的方法一致，这里不再做过多赘述。具体的操作如下。

① 切换到软件左侧导航栏中其它构件页签下，找到"栏杆扶手"构件，点击新建按钮，在下方属性编辑器中输入相应的属性值，如图 3-427 所示。

② 切换到首层建筑平面图中，点击前面绘制好的空调板构件上，这里以空调板的栏杆扶手为例进行绘制，具体的位置如图 3-428 所示。

③ 点击软件工具栏上方的"直线"命令，沿着空调板外围边线进行绘制，右键即可结束命令，完成之后如图 3-429 所示。

	属性名称	属性值
1	名称	LGFS-750
2	材质	金属
3	类别	栏杆扶手
4	扶手截面形状	矩形
5	扶手截面宽度...	30
6	扶手截面高度...	30
7	栏杆截面形状	矩形
8	栏杆截面宽度...	20
9	栏杆截面高度...	20
10	高度(mm)	800
11	间距(mm)	110
12	起点底标高(m)	层底标高(-0.05)
13	终点底标高(m)	层底标高(-0.05)
14	备注	
15	⊞ 土建业务...	

图 3-427

图 3-428

图 3-429

2）做法套取　栏杆扶手构件做法套用跟前面的框架柱、梁的方法是一致的，这里不再做过多赘述，套取结果如图 3-430 所示。

	编码	类别	名称	项目特征	单位	工程量表达式
1	⊟ 011503001	项	金属扶手、栏杆、栏板	1.扶手材料种类、规格:不锈钢管 2.栏杆材料种类、规格:不锈钢管 3.固定配件种类:预埋钢板 4.栏杆高度:1100mm	m	CD
2	15-3-3	定	不锈钢管扶手 不锈钢栏杆		m	CD

图 3-430

（5）建筑面积

建筑面积需根据《建筑工程建筑面积计算规范》（GB/T 50353—2013）计算。

1）建筑面积的绘制

① 切换到软件左侧导航栏中其它构件页签下，找到"建筑面积"构件，点击新建按钮，在下方属性编辑器中输入相应的属性值，如图 3-431 所示。

② 点击软件工具栏上方的"点"命令，点击对应的房间区域，软件会自动生成建筑面积的构件，如图 3-432 所示。

图 3-431   图 3-432

但需注意的是，建筑面积属于面式构件，因此可以直线绘制也可以点绘制；当选择点绘制时，软件自动搜寻建筑物的外墙外边线，如果能找到外墙外边线形成的封闭区域，则在这个区域内自动生成"建筑面积"；如果软件找不到外墙外边线围成的封闭区域，则会给出错误提示。本工程在绘制散水时已经自动校验过外墙外边线，所以这里采用点绘制。

2）做法套取　建筑面积做法套用跟前面的框架柱、梁是一致的，这里不再做过多赘述。

（6）平整场地

1）平整场地的绘制

① 切换到软件左侧导航栏中其它构件页签下，找到"平整场地"构件，点击新建按钮，在下方属性编辑器中输入相应的属性值，如图 3-433 所示。

② 点击软件工具栏上方的"智能布置"命令，选择下方的"外墙轴线"，软件会自动生成平整场地的构件，如图 3-434 所示。

图 3-433   图 3-434

2）做法套取　平整场地构件做法套用跟前面的框架柱、梁的方法是一致的，这里不再做过多赘述，套取结果如图 3-435 所示。

	编码	类别	名称	项目特征	单位	工程量表达式	表
1	⊟ 010101001	项	平整场地	1. 土壤类别：三类土 2. 弃土运距：10m 以内 3. 取土运距：50m 以内	m2	MJ	MJ<面积>
2	1-4-1	定	人工平整场地		m2	MJ	MJ<面积>

图 3-435

3.8.3.3　工程量汇总计算及查量

工程量计算可在"工程量"模块-"汇总"中调出,如图 3-436 所示。既可以通过"汇总计算"选择计算的工程量范围,如图 3-437 所示,也可以先选择要汇总的图元,点击"汇总选中图元"。计算汇总结束之后出现图 3-438 所示界面。

图 3-436

图 3-437

图 3-438

土建计算结果可以有两种查量方式,专用宿舍楼工程对于零星构件的查量方式跟前面的一致,所以这里不再做过多赘述,具体的工程量如下所示。

① 台阶构件工程量和做法工程量如图 3-439 和图 3-440 所示。

图 3-439

查看构件图元工程量

	编码	项目名称	单位	工程量	单价	合价
1	010507004	台阶	m3	8.7857		
2	16-6-86	水泥抹面混凝土台阶 灰土垫层	10m2	2.25718	2066.42	4664.2819
3	5-1-52 H8021002180210001	C30台阶 换为【C15现浇混凝土 碎石<20】	10m3	0	7313.66	0
4	011702027	台阶	m2	22.5718		
5	18-1-115	台阶木模板木支撑	10m2	2.25718	414.73	936.1203

图 3-440

② 散水构件工程量和做法工程量如图 3-441 和图 3-442 所示。

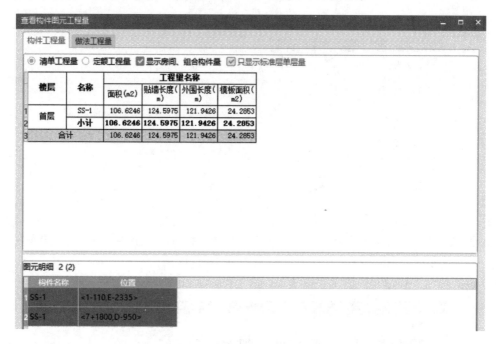

图 3-441

查看构件图元工程量

	编码	项目名称	单位	工程量	单价	合价
1	010507001	散水、坡道	m2	106.6246		
2	16-6-60 H8021001180210001	混凝土散水 3:7灰土垫层 换为【C15现浇混凝土 碎石<20】	10m2	10.66246	707.81	7546.9958
3	011702029	散水	m2	24.2853		
4	18-1-1	混凝土基础垫层木模板	10m2	2.42853	347.42	843.7199

图 3-442

③ 无障碍坡道构件工程量和做法工程量如图 3-443 和图 3-444 所示。

图 3-443

编码	项目名称	单位	工程量	单价	合价
1 010505001	有梁板	m3	0.707		
2 5-1-31	C30有梁板	10m3	0.0707	6001	424.2707
3 5-3-12	泵送混凝土 柱、墙、梁、板 泵车	10m3	0.0707	128.46	9.0821
4 011702014	有梁板	m2	9.9193		
5 18-1-92	有梁板复合木模板钢支撑	10m2	1.05323	548.95	578.1706
6 18-1-104	板支撑高度＞3.6m 每增1m钢支撑	10m2	0	39.31	0

图 3-444

④ 栏杆扶手构件工程量和做法工程量如图 3-445 所示。

图 3-445

⑤ 建筑面积构件工程量和做法工程量如图 3-446 所示。

⑥ 平整场地构件工程量和做法工程量如图 3-447 和图 3-448 所示。

图 3-446

图 3-447

编码	项目名称	单位	工程量	单价	合价
1 010101001	平整场地	m2	797.3825		
2 1-4-1	人工平整场地	10m2	79.73825	46.2	3683.9072
3 010103004	竣工清理	m3	2870.577		
4 1-4-3	平整场地及其他竣工清理	10m3	287.0577	24.2	6946.7963

图 3-448

3.8.4　总结拓展

3.8.4.1　归纳总结

本节主要介绍了关于台阶、散水、栏杆扶手、平整场地、建筑面积、无障碍坡道的绘制以及做法的套取。需要在绘制过程中注意以下几点。

① 台阶绘制完成后，还需要根据实际图纸点击"设置踏步边"功能，设置台阶起始边；如果布置区域封闭，台阶也可以使用"点绘制"；

② 散水在布置过程中可以点击"智能布置"按钮，沿着外墙外边线自动生成散水构件，但需注意墙体的类别和区域是否封闭；

③ 栏杆、建筑面积和平整场地都可以通过智能布置的方式完成快速布置，也可以结合手动绘制方式进行单独处理，根据不同的场景进行应用；

④ 无障碍坡道可以利用现浇板构件进行处理，根据图纸绘制完成后，再单独调整板的标高信息，即可布置无障碍坡道。

3.8.4.2　拓展延伸

① 台阶绘制过程可以将 CAD 底图导入进来，在图纸基础之上利用直线命令进行描图，相对来说比较方便、准确；

② 散水构件是依附于外墙构件进行快速布置，一般布置不上时可以考虑区域是否是封闭的，墙体类别是否是外墙构件等方面考虑；

③ 对于建筑面积而言，当一层建筑面积计算规则不一样时，有几个区域就要建立几个建筑面积属性，可利用虚墙的方法分别进行绘制；

④ 对于屋面构件，需要屋顶层进行绘制，直接点击左侧导航栏"屋面"构件，切换到软件菜单栏"智能布置"直接按照现浇板进行生成即可，如图 3-449 所示，清单定额套取如图 3-450 所示。

图 3-449

3.8.5　思考与练习

① 智能布置散水的前提条件是什么？

② 台阶布置的流程是什么？需要注意的点有哪些？

③ 平整场地和建筑面积布置的方式有哪几种？分别是什么？

④ 无障碍坡道布置的方法是什么？如何进行构件做法的套取？

⑤ 对于构件工程量的查询，方式有哪几种？

	编码	类别	名称	项目特征	单位	工程量表达式	表达式说明
1	□ 011001001	项	保温隔热屋面	1.保温隔热材料品种、规格、厚度:60mm厚岩棉保温层	m2	MJ	MJ〈面积〉
2	— 10-1-5	定	混凝土板上保温 沥青矿渣棉毡		m3	MJ*0.06	MJ〈面积〉*0.06
3	— 10-1-11	定	混凝土板上保温 现浇水泥珍珠岩		m3	MJ*0.074	MJ〈面积〉*0.074
4	□ 010902001	项	屋面卷材防水	1.卷材品种、规格、厚度:3+3SBS卷材防水 2.防水层数:2层 3.防水层做法:3+3 4.20厚干拌DSM20砂浆找平层 5.含附加层	m2	FSMJ	FSMJ〈防水面积〉
5	9-2-10 + 9-2-12	换	改性沥青卷材热熔法 一层 平面 实际层数(层):2		m2	MJ	MJ〈面积〉
6	— 11-1-1	定	水泥砂浆 在混凝土或硬基层上 20mm		m2	MJ	MJ〈面积〉
7	9-2-11 + 9-2-13	换	改性沥青卷材热熔法 一层 立面 实际层数(层):2		m2	JBMJ	JBMJ〈卷边面积〉
8	12-1-3 + 12-1-16 * 8, + 12-1-16 * -3	换	水泥砂浆(厚9+6mm) 砖墙 水泥抹灰 砂浆1:2实际厚度(mm):14 水泥抹灰 砂浆1:3实际厚度(mm):6		m2	JBMJ	JBMJ〈卷边面积〉

图 3-450

3.9 BIM计量工程量报表输出

学习目标

根据实际工程图纸，熟练导出钢筋、土建报表。

学习要求

熟悉编制招标控制价需要的具体表格。

3.9.1 任务说明

结合《BIM算量一图一练》专用宿舍楼工程，完成钢筋和土建工程量报表导表操作流程。

3.9.2 任务分析

① 钢筋工程量报表导出，首先需明确工程案例中哪些构件是需要计算钢筋工程量的，根据构件类型可以多维度汇总钢筋总量和明细量，然后将其导出到 Excel 表格中即可；

② 土建工程量报表导出，结合专用宿舍楼工程，提取出工程需要的表格（例如清单汇总表、清单定额汇总表、单方混凝土指标表等），然后将其导出到 Excel 表格中即可；

③ 对于钢筋和土建工程量报表，明确在软件中如何设置报表范围，以及快速进行构件工程量反查和修改。

3.9.3　任务实施

3.9.3.1　基础知识

(1) 报表导出设置

构件的报表导出，是指将算量软件中的工程量导出到 Excel 表格中，然后对表进行修改，最终得出各项指标信息的一种操作。

(2) 报表导出的作用

① 操作过程简单明了，直观呈现项目各项报表信息；

② 在操作过程中可以实时地对工程的各项指标进行检查和校核；

③ 直观反映框架柱、混凝土、装修、门窗等材料用量以及各部位的钢筋及土建工程量明细；

④ 有利于对工程施工材料采购进行指导以及工程各项指标的分类、统计和汇总；

⑤ 有利于工程指标的存档，为以后进行类似工程的筹划、建造提供依据。

3.9.3.2　报表导出

下面结合专用宿舍楼案例工程介绍钢筋和土建报表导出的基本流程：工程量汇总计算→报表查量。

(1) 工程量汇总计算

前面工程案例模型绘制完成后，需在软件中进行构件工程量的汇总，才可以导出案例工程的钢筋和土建等报表，具体操作流程如下所示。

切换到软件菜单栏上方的"工程量"模块下，在"汇总"页签中，点击"汇总计算"按钮，会弹出汇总计算的窗口，如图 3-451 所示。勾选全部楼层，将"土建计算""钢筋计算"和"表格输入"打钩，点击"确定"按钮，即可进行楼层工程量的汇总计算，计算完成出现如图 3-452 所示界面。

图 3-451

图 3-452

(2) 报表查量

① 切换到软件上方菜单栏"工程量"模块下，点击"查看报表"按钮，可以对报表直接进行预览，点击报表预览界面，如图 3-453 所示，在左方模块导航栏中点击相应的表格即可预览查询表格中的信息；

图 3-453

图 3-454

② 可以通过点击上方工具栏中"设置报表范围"按钮，弹出对应设置范围的窗口，如图 3-454 所示，选择要导出的构件或楼层，直接点击"确定"按钮即可设置报表的范围；

③ 在软件左侧导航栏中可以切换"钢筋报表量"和"土建报表量"页签，分别选择对应页签下的报表，即可在左侧导航栏中看到对应报表的数据信息，如图 3-455、图 3-456 所示。或者可以点击工具栏上方"打印预览"功能，提前预览报表的导出样式，避免报表打印出错。

图 3-455

图 3-456

　　但需注意的是，在软件报表界面，可以对于报表中的工程量数据进行反查，可点击在软件工具栏上方的"报表反查"按钮，如图 3-457 所示。选择对应工程量列，可以直接双击定位到对应的绘图区域，如图 3-458 所示，显示对应构件的工程量计算明细。

图 3-457

图 3-458

钢筋报表和土建报表查量方式相对比较简单，这里就不再做过多赘述。

3.9.4　总结拓展

① 在钢筋和土建报表导出过程中应先对表格进行设置，确定无误后，将表格导出，这样既准确又高效；

② 钢筋报表量页签下报表种类分为汇总表和明细表，需按照不同的业务场景导出进行查看；

③ 土建报表量页签下报表种类分为做法汇总表和构件汇总表，一般建议在软件中按照工程量代码，套取对应的清单定额，这样相对比较准确。

3.9.5　案例工程结果报表

首层所有构件绘制完成后，可点击软件菜单栏上方的"复制到其它层"功能，会弹出"复制图元到其它楼层"窗口，如图 3-459 所示，选择需要复制到的楼层后点击"确定"按钮，即可快速完成其它楼层构件绘制。对于在其它楼层存在不一样的构件，可根据图纸针对性地进行修改即可，如基础层的构件跟首层的构件。通过新建、复制等方法最终完成案例工程土建工程量的计算，土建工程结果报表及钢筋工程结果报表可参见本书配套电子资源。

图 3-459

但需要注意的是：

① 在进行其它楼层复制过程中，需要选中全部绘制的构件进行复制，必须在软件下方状态栏中点击打开"跨图层选择"按钮，才可以选中全部的构件一起进行快速复制；

② 楼层图元复制成功后，还需对其它楼层的构件进行信息校核，可以采用手动绘制命令进行局部的修改，以保证构件信息的正确性；

③ 可利用算量模型交互插件 GFC 实现将 Revit 三维模型中的主体、基础、装修、零星等构件一键导入土建计量平台 GTJ2021 中，构件导入率可以达到 100%。

3.9.6　思考与练习

① 报表导出基本流程是什么？

② 软件中如何进行钢筋、土建报表范围的设置？

③ 分别介绍钢筋和土建的表格导出的方式有哪些？

④ 分别阐述报表如何进行汇总计算？

第4章

BIM工程计价案例实务

4.1 编制招标控制价前准备

学习目标

1. 了解编制招标控制价的程序及要求;
2. 能够结合具体案例工程,正确运用所学的知识做好编制招标控制价前的准备工作。

学习要求

1. 了解招标工程的工程概况及招标范围;
2. 熟悉招标控制价编制依据;
3. 掌握招标控制价编制要求;
4. 掌握招标控制价核心文件——工程量清单计价报表的组成。

4.1.1 任务说明

做好案例《BIM算量一图一练》专用宿舍楼工程招标控制价编制前的准备工作。

4.1.2 任务分析

编制招标控制价前,需要确定什么是招标控制价、招标控制价的组成、阅读招标文件条款等,从中了解本案例工程的工程概况及具体的编制要求、编制依据。

4.1.3 任务实施

4.1.3.1 招标控制价的概念及组成

(1)招标控制价的概念

招标控制价是招标人根据国家或省级、行业建设主管部门颁发的有关计价依据和办法,以及拟定的招标文件、市场行情,结合工程具体情况编制的招标工程的最高投标限价。

（2）招标控制价的组成

1）招标控制价文件包含的报表

注：样表参见《建设工程工程量清单计价规范》（GB 50500—2013）。

① 封面：封-2。

② 扉页：扉-02。

③ 总说明：表-01。

④ 单项工程招标价汇总表：表-03。

⑤ 单位工程招标控制价汇总表：表-04。

⑥ 分部分项工程和单价措施项目清单与计价表：表-08。

⑦ 综合单价分析表：表-09。

⑧ 总价措施项目清单与计价表：表-11。

⑨ 其它项目清单与计价汇总表：表-12。

⑩ 暂列金额明细表：表-12-1。

⑪ 材料（工程设备）暂估单价及调整表：表-12-2。

⑫ 专业工程暂估价及结算表：表-12-3。

⑬ 计日工表：表-12-4。

⑭ 总承包服务费计价表：表-12-5。

⑮ 规费、税金项目计价表：表-13。

⑯ 单位工程人材机汇总表。

⑰ 主要材料价格表。

2）单项工程招标控制价包含的费用（见表 4-1）

表 4-1　单项工程招标控制价汇总表

工程名称：　　　　　　　　　　　　　　　　　　　　　　　　　　　　　第 1 页　共 1 页

序号	单位工程名称	金额/元	其中					占造价比例/%	建筑面积/m²	单方造价/元
			分部分项合计/元	措施项目合计/元	其它项目合计/元	规费/元	税金/元			
合计										

注：本表适用于单项工程招标控制价或投标报价的汇总。

3）单位工程招标控制价包含的费用（见表 4-2）

表 4-2　单位工程招标控制价汇总表

工程名称：　　　　　　　　　　　　　　　　　　　　　　　　　　　　　第 1 页　共 1 页

序号	汇总内容	金额/元	其中：暂估价/元
1	分部分项工程		
2	措施项目		
2.1	其中：安全文明施工费		

序号	汇总内容	金额/元	其中：暂估价/元
3	其它项目		
3.1	其中：暂列金额（不包括计日工）		
3.2	其中：专业工程暂估价		
3.3	其中：计日工		
3.4	其中：总承包服务费		
4	规费		
5	税金		
招标控制价合计＝1＋2＋3＋4＋5			

注：暂估价包括分部分项工程中的暂估价和专业工程暂估价。

4.1.3.2 招标宿舍楼工程的工程概况及招标范围

（1）工程概况

《BIM算量一图一练》专用宿舍楼工程是济南市某现浇钢筋混凝土框架结构专用宿舍楼工程，地处市区，合同计划工期为2020年9月1日至2020年12月27日。总建筑面积为1655.54m^2，基底面积为797.37m^2，建筑高度为7.650m，地上主体为两层，室内外高差为0.45m。建设地点地下水近3～5年最高水位为－18m。本地区土壤类别，为三类土、坚土，考虑坑边堆土，不考虑余方弃置。

（2）招标范围

建筑施工图全部内容质量标准为合格，安全生产标准化管理目标等级为"绿色"。

4.1.3.3 招标控制价编制依据

① 国家、山东省工程建设行政主管部门颁发的法律、法规及有关规定，现行《建设工程工程量清单计价规范》（GB 50500—2013）、《房屋建筑与装饰工程工程量计算规范》（GB 50854—2013）；

②《山东省建筑工程消耗量定额》（2016版）及配套解释、相关规定；

③ 工程项目拟定的招标文件，答疑文件，澄清和补充文件以及有关会议纪要；

④ 施工现场情况、工程特点、常规或类似的施工方案；

⑤ 济南市《工程造价信息》2020年8月份公布确定的人、材、机的价格；

⑥ 本工程有关的技术标准和质量验收规范等；

⑦ 工程项目地质勘查报告以及设计文件；

⑧ 施工期间有关风险因素和其它相关资料。

4.1.3.4 招标控制价编制要求

① 暂列金额。本工程的暂列金额为除税金额15万元。

② 不考虑总承包服务费。

③ 设计说明及图纸未提及工作内容暂不考虑在编制范围内。

④ 最高投标限价的基准期为2020年7月。

⑤ 甲供材不含税单价一览表（见表4-3）。

表 4-3　甲供材不含税单价一览表

序号	名称	规格型号	单位	单价/元
1	FHM 乙	1000mm×2100mm	m²	890
2	FHM 乙-1	1500mm×2100mm	m²	890
3	FHC	1200mm×1800mm	m²	600

⑥ 暂估价材料不含税价表（见表 4-4）。

表 4-4　暂估价材料不含税价表

序号	名称	单位	单价/元
1	大理石板	m²	185.80
2	大理石踢脚线	m²	37.41
3	釉面砖	m²	47.90

⑦ 计日工表（见表 4-5）。

表 4-5　计日工表（不含税价格）

序号	名称	工程量	单位	单价/元	备注
1	人工				
	木工	10	工日		
	钢筋工	10	工日		
2	材料				
	砂子	100	m³		
	砖	500	块		
3	机械	10	t		
	载重汽车（30t）	10	台班		

4.1.4　归纳总结

做好招标控制价编制前的准备工作需要明确招标方的想法和意图；需亲临施工现场实地考察，了解拟建建筑物所处位置地上地下、周边情况；研读招标文件；了解工程概况；了解当地相关各种政策规定，做好编制依据准备以及编制招标控制价所需各种软件准备。

4.2　编制招标控制价

 学习目标

1. 具备相应的招投标理论知识；
2. 能够结合具体工程，正确编制招标控制价。

学习要求

1. 了解算量软件导入计价软件的基本流程；
2. 熟悉措施费、其它费用的构成；
3. 掌握清单综合单价的构成及组价、调价方法；
4. 掌握计价软件的常用功能；
5. 能正确运用计价软件完成招标控制价的编制。

4.2.1　新建招标项目结构

4.2.1.1　任务说明

结合案例《BIM算量一图一练》专用宿舍楼工程，运用计价软件创建招标项目结构，为计量软件工程量的导入奠定基础。

4.2.1.2　任务分析

编制招标工程的招标控制价，采取广联达 BIM 云计价平台 GCCP6.0 展开工程计价文件编制。该计价平台包括编制、调价、报表、指标和电子标五大模块，目前山东地区建设项目计价均运用该软件协助完成，需要根据建设工程项目的划分原则，结合宿舍楼工程，按照软件操作的指引完成工程项目结构的创建。该招标项目的招标范围为宿舍楼工程的房屋建筑与装饰工程，属于一个建设项目。因此需要创建包含建设项目、单项工程和单位工程的三级项目结构。

4.2.1.3　任务实施

① 新建项目。打开云计价平台进入软件登录界面，登录或点击离线使用软件后，进入广联达云计价平台 GCCP6.0。单击"新建招投标项目"，如图 4-1 所示。

图 4-1

② 点击"新建"，进入新建工程界面。根据《建设工程工程量清单计价规范》（GB 50500—2013），使用国有资金投资的建设工程发承包，必须采用工程量清单计价模式。

根据招标文件可知，该项目资金来源为"市财政专项资金"，因此项目采用的计价方式为"清单计价、招标"，采用的招标工程接口标准为"2013 山东清单计价规则"。项目名称为"专用宿舍楼"，项目编号为"20200601"。

③ 新建招标项目。点击"新建招标项目"，输入项目名称和项目编码，见图 4-2。

该项目招标文件规定：最高投标限价的基准期为 2020 年 7 月。因此，价格文件选择 2020 年 7 月山东省济南市信息价。

④ 点击"下一步"，进入"新建单项工程"和"新建单位工程"界面，如图 4-3 所示。

⑤ 新建其它单位工程。点击右键选择"新建单位工程"，进入新建单位工程界面，输入单位工程名称（例如"专用宿舍楼安装工程"，对应的清单专业选为"安装工程"），如图 4-4 所示。

图 4-2

图 4-3

⑥ 完成新建工程。点击"确定"创建招标项目的项目结构。

如果想修改单位工程的名称，可通过点击右键"重命名"或者"批量修改名称"按钮，输入修改后单位工程的名称，如"专用宿舍楼-建筑装饰"，如图4-5所示。注意，在"新建招标项目"界面，可以新建单项工程，也可以新建单位工程。

编码		类别	名称
-			**整个项目**
1		项	自动提示：请输入清单简称

新建单位工程　　　　　　　　　　　　　　　　　　　　　　　×

工程名称	专用宿舍楼安装工程
清单库	工程量清单项目计量规范(2013-山东) ▼
清单专业	安装工程 ▼
定额库	山东省安装工程消耗量定额(2016) ▼
定额专业	民用安装工程 ▼
价目表	省19年-安装120(一般计税)　　　　...
注：工程对应地区节点的价目表自动关联该地区取费模板和费率，请正确选择	
单价形式	非全费用模式 ▼
模板类别	规费含环境保护税 ▼
计税方式	一般计税方法 ▼

图 4-4

图 4-5

⑦ 取费设置。GCCP6.0云计价平台要求在项目三级结构建立之后进行所有费率的设置。点击"取费设置"页签，在弹出的界面中按照造价编制的要求，直接输入或选择工程类别、工程所在地、计税方式、取费专业、管理费费率、利润率、各种措施费率、规费费率和税率（注意，费率的确定见后续相应项目清单费用计算章节），如图4-6所示。

图 4-6

4.2.1.4　任务总结

如图4-7所示，专用宿舍楼工程招投标项目结构的创建已完成。编制招标控制价或投标报价时，造价人员通常使用行业计价软件来协助完成，山东地区通常使用广联达公司研发的GCCP6.0云计价软件。首先需要先对招标项目、招标内容有清晰、全面的了解，然后根据需要，在软件操作指引下完成项目结构的创造。

图 4-7

4.2.1.5　拓展延伸

（1）软件操作延伸

① 标段结构保护功能。项目结构建立完成之后，为防止失误操作更改项目结构内容，可右击项目名称，选择"标段结构保护"对项目结构进行保护，如图4-8所示。

图 4-8

② 编辑。在项目结构中进入单位工程进行编辑时，可直接单击项目结构中的单位工程名称。

（2）业务理论延伸

1）基本建设项目的组成　基本建设项目按照合理确定工程造价和基本建设管理工作的要求，划分为建设项目、单项工程、单位工程、分部工程、分项工程五个层次。

① 建设项目。指在一个总体范围内，由一个或几个单项工程组成，经济上实行独立核算，行政上实行统一管理，并具有法人资格的建设单位。例如一所学校、一个工厂等。

② 单项工程。指在一个建设项目中，具有独立的设计文件，能够独立组织施工，竣工后可以独立发挥生产能力或效益的工程。例如一所学校的教学楼、实验楼、图书馆等。

③ 单位工程。指竣工后不可以独立发挥生产能力或效益，但具有独立设计，能够独立组织施工的工程。例如土建、电器照明、给水排水等。

④ 分部工程。按照工程部位、设备种类和型号、使用材料的不同划分。例如基础工程、砖石工程、混凝土及钢筋混凝土工程、装修工程、屋面工程等。

⑤ 分项工程。按照不同的施工方法、不同的材料、不同的规格划分。例如砖石工程可分为砖砌体、毛石砌体两类，其中砖砌体可按部位不同分为内墙、外墙、女儿墙。分项工程是计算工、料及资金消耗的最基本的构造要素。

确定工程造价顺序为单位工程造价→单项工程造价→建设项目工程造价。一般最小单位是以单位工程为对象来确定工程造价。

2）营业税改征增值税概述　营业税改征增值税（以下简称"营改增"）是指以前缴纳营业税的纳税项目改成缴纳增值税，增值税只对产品或者服务的增值部分纳税，减少了重复纳税的环节，是党中央、国务院根据经济社会发展新形势，从深化改革的总体部署出发做出的重要决策，目的是加快财税体制改革、进一步减轻企业赋税，调动各方积极性，促进服务业尤其是科技等高端服务业的发展，促进产业和消费升级、培育新动能、深化供给侧结构性改革。

"营改增"在全国的推开，大致经历了以下阶段。

2011年，经国务院批准，财政部、国家税务总局联合下发营业税改增值税试点方案。从2012年1月1日起，在上海交通运输业和部分现代服务业开展营业税改征增值税试点。自2012年8月1日起至年底，国务院将"营改增"试点扩大至8省市；2013年8月1日，"营改增"范围已推广到全国试行，广播影视服务业也纳入试点范围。2014年1月1日起，将铁路运输和邮政服务业纳入营业税改征增值税试点，至此交通运输业已全部纳入"营改增"范围；2016年3月18日召开的国务院常务会议决定，自2016年5月1日起，中国将全面推开"营改增"试点，将建筑业、房地产业、金融业、生活服务业全部纳入"营改增"试点。至此，营业税退出历史舞台，增值税制度更加规范。这是自1994年分税制改革以来，财税体制的又一次深刻变革。

"营改增"后对工程造价的计算和确定发生的主要影响有以下几个方面。

① 两种身份。分为一般纳税人和小规模纳税人。

一般纳税人是指应税行为的年应征增值税销售额（以下简称"年应税销售额"）超过财政部和国家税务总局规定标准的纳税人，一般纳税人应健全会计核算、能够准确提供税务资料、并向主管税务机关进行一般纳税人资格登记。

小规模纳税人是指应税行为的年应征增值税销售额未超过规定标准的纳税人。年应税销售额超过规定标准的其它个人不属于小规模纳税人。年应税销售额超过规定标准但不经常发生应税行为的单位和个体工商户可选择按照小规模纳税人纳税。

② 两种计税方法。分为一般计税方法和简易计税方法。

a. 一般计税方法。一般计税方法的应纳税额是指当期销售额抵扣当期进项税额后的余额。

应纳税额计算公式：

$$应纳税额＝当期销项税额－当期进项税额$$

销项税额是指纳税人发生纳税行为按照销售额和增值税税率计算并收取的增值税额。销项税额计算公式：

$$销项税额＝销售额×税率$$

进项税额是指纳税人购进货物、加工修理修配劳务、无形资产或者不动产，支付或者负担的增值税额。

b. 简易计税方法。简易计税方法的应纳税额是指按照销售额和增值税征收率计算的增值税额，其不得抵扣进项税额。

应纳税额计算公式：

$$应纳税额＝销售额×征收率$$

③ 税率和征收率。按照《财政部　国家税务总局关于全面推开营业税改征增值税试点的通知》（财税〔2016〕36号）附件一《营业税改征增值税试点实施办法》第十五条、《财政部　税务总局　海关总署关于深化增值税改革有关政策的公告》（财政部　税务总局　海关总署公告2019年第39号）、《山东省住房和城乡建设厅关于调整建设工程计价依据增值税税率的通知》（京建标字〔2019〕10号），增值税税率分为以下几种。

a. 纳税人发生应税行为，除特别规定外，税率为 6%；

b. 提供交通运输、邮政、基础信电、建筑、不动产租赁服务，销售不动产，转让土地使用权，税率为 9%；

c. 提供有形动产租赁服务，税率为 13%；

d. 境内单位和个人发生的跨境应税行为，税率为零。具体范围由财政部和国家税务总局另行规定。

《营业税改征增值税试点实施办法》第十六条规定增值税征收率为 3%，财政部和国家税务总局另有规定的除外。

④ 计价依据调整原则。

a. 建筑业营改增后，工程造价按"价税分离"计价规则计算，具体要素价格适用增值税税率执行财税部门的相关规定。税前工程造价为人工费、材料费、施工机械使用费、企业管理费、利润和规费之和，各费用项目均以不包含增值税（可抵扣进项税额）的价格进行计算。

b. 企业管理费包括预算定额的原组成内容，城市维护建设税、教育费附加以及地方教育费附加，营改增增加的管理费用等。

c. 建筑安装工程费用的税金是指国家税法规定应计入建筑安装工程造价内的增值税销项税额。

⑤ 工程项目计税方式的选择

a. 一般计税方式。一般纳税人在"建筑工程施工许可证"注明的开工日期或未取得"建筑工程施工许可证"的建筑工程承包合同注明的开工日期（以下简称"开工日期"）应为在 2016 年 5 月 1 日（含）之后的房屋建筑和市政基础设施工程（以下简称"建筑工程"）。

b. 简易计税方式。一般纳税人以清包工方式提供的建筑服务，可以选择适用简易计税方式。

以清包工方式提供建筑劳务，是指施工方不采购建筑工程所需的材料或只采购辅助材料，并收取人工费、管理费或者其它费用的建筑服务。

一般纳税人为甲供工程提供的建筑服务，可以选择适用简易计税方法计税。甲供工程是指全部或部分设备、材料、劳力由工程发包方自行采购的建筑工程。

一般纳税人为建筑工程老项目提供的建筑服务，可以选择使用简易计税方法计税。建筑工程老项目是指以下几种情况："建筑工程施工许可证"注明的开工日期在 2016 年 4 月 30 日前的建筑工程项目；未取得"建筑工程施工许可证"的，建筑工程承包合同注明的开工日期在 2016 年 4 月 30 日前的建筑工程项目。

⑥ 山东省建筑业营改增建设工程计价依据调整实施。

山东省住房和城乡建设厅 2016 年 4 月 21 日印发《建筑业营改增建设工程计价依据调整实施意见》（以下简称《实施意见》）的通知，规定如下：

调整范围如下：

a. 在山东省行政区域内，"建筑工程施工许可证"注明的合同开工日期或未取得"建筑工程施工许可证"的建设工程承包合同注明的开工日期（以下简称"开工日期"），在 2016 年 5 月 1 日后的建设工程项目，应按照营改增后的计价依据执行。

b. 开工日期在 2016 年 4 月 30 日前的建设工程项目，在符合国家有关财税文件规定前提下，应按照营改增后的计价依据执行；如不符合规定，应参照原合同价或营改增前计价依据执行。

c. 2016 年 4 月 30 日前尚未开标的依法招标项目，招标文件及招标控制价编制，均应按照营改增后的计价依据执行。

计价调整依据如下：

a. 《财政部　国家税务总局关于全面推开营业税改征增值税试点的通知》（财税〔2016〕36 号）。

b. 《住房和城乡建设部关于做好建筑业营改增建设工程计价依据调整准备工作的通知》（建办标〔2016〕4 号）。

c. 现行建设工程计价依据，包括清单计价规范、消耗量定额、费用项目组成及计算规则等。

d. 其他有关资料。

计价调整内容如下：

a. 建筑业营改增后建设工程发承包及实施阶段计价活动，适用一般计税方法的计税，建设工程执行"价税分离"计价规则。

b. 选择使用简易计税方法计税的建设工程，参照原合同价或营改增前的计价依据执行，并执行财税部门的相关规定。

c. 材料（设备）暂估价、确认价均应为除税单价；专业工程暂估价应为营改增后的不含税工程造价。

d. 风险幅度均以材料（设备）、施工机具台班等对应除税单价为依据计算。

计价依据调整内容是根据营改增调整的规定和要求等修订完成的，除另有说明外，不改变计价依据的适用范围及费用计算程序等。

计价费用项目如下：

a. 营改增后建设工程费用项目的组成，除《实施意见》另有规定外，均与原《山东省建设工程费用项目组成及计算规则》一致。

b. 企业管理费组成除原有规定外，增加城市维护建设税、教育费附加、地方教育附加。

c. 《山东省仿古建筑工程费用项目组成及计算规则》中环境保护费、文明施工费、临时设施费，由措施费移入规费中。

d. 建设工程费用中的税金，是指按国家税法规定应计入建设工程造价内的增值税。

e. 费用项目组成及计算规则中各项费率，是以当期人工、材料、施工机具台班的除税价格进行测算确定的。

f. 建筑业营改增后，工程造价按"价税分离"计价规则计算，具体要素价格适用增值税税率执行财税部门的相关规定。税前工程造价为人工费、材料费、施工机具使用费、企业管理费、利润和规费之和，各费用项目均以不包含增值税（可抵扣进项税额）的价格计算。

4.2.2　导入 BIM 土建计量工程文件

4.2.2.1　任务说明

结合专用宿舍楼案例工程，将算量文件导入到计价软件，并对导入清单进行初步整理，添加钢筋工程清单及相应的钢筋工程量。

4.2.2.2　任务分析

将 BIM 土建计量与计价软件进行对接，直接将土建计量软件计算得出的工程量、项目编码、项目名称、项目特征、计量单位等数据导入计价软件中。

4.2.2.3　任务实施

① 进入单位工程界面，切换到"单位工程"，单击"量价一体化"，点击"导入算量文件"，如图 4-9 所示。

图 4-9

② 导入 BIM 土建计量文件在弹出的打开文件对话框中，找到计量文件所在的位置，点击打开，出现"算量工程文件导入"对话框，如图 4-10 所示。选择需要导入的"清单项目"和"措施项目"中清单和定额项目后，点击"导入"按钮，完成土建计量文件的导入。

		导入	编码	类别	名称	单位	工程量
1	☐	☑	010101001001	项	平整场地	m2	797.3825
2		☑	1-4-1	定	人工平整场地	10m2	79.73825
3	☐	☑	010101003001	项	挖沟槽土方	m3	1.9378
4		☑	1-2-6	定	人工挖沟槽坚土 槽深≤2m	10m3	0.02422
5		☑	1-2-44	定	挖掘机挖槽坑土方 坚土	10m3	0.17441
6		☑	1-4-4	定	平整场地及其他 基底钎探	10m2	0.20748
7	☐	☑	010101004001	项	挖基坑土方	m3	1633.6239
8		☑	1-2-13	定	人工挖地坑坚土 坑深≤2m	10m3	30.71218
9		☑	1-2-48	定	小型挖掘机挖槽坑土方 坚土	10m3	138.85803
10		☑	1-4-4	定	平整场地及其他 基底钎探	10m2	63.35329
11	☐	☑	010103001001	项	回填方	m3	211.041
12		☑	1-4-13	定	机械夯填槽坑	10m3	21.1041
13	☐	☑	010103001002	项	回填方	m3	1269.3459
14		☑	1-4-13	定	机械夯填槽坑	10m3	126.93459
15	☐	☑	010103004001	项	竣工清理	m3	2870.577
16		☑	1-4-3	定	平整场地及其他 竣工清理	10m3	287.0577
17	☐	☑	010401003001	项	实心砖墙	m3	2.5699
18		☑	4-1-7 HB0010017···	换算子目	M5.0混合砂浆实心砖墙 厚240mm 换为【水泥砂浆 M5.0】	10m3	0.25699
19		☑	010402001001	项	砌块墙		55.312

图 4-10

4.2.2.4　拓展延伸

工程量清单是表现拟建工程的分部分项工程项目、措施项目、其它项目、规费项目和税金项目的名称和相应数量等的明细清单。

工程量清单依据招标文件规定、施工设计图纸、计价规范（规则）计算分部分项工程量，并列在清单上作为招标文件的组成部分，可提供编制标底和供投标单位填报单价。

工程量清单是工程量清单计价的基础，是编制招标标底（招标控制价、招标最高限价）、投标报价、计算工程量、调整工程量、支付工程款、调整合同价款、办理竣工结算以及工程索赔等的依据。

分部分项工程量清单由构成工程实体的分部分项项目组成，分部分项工程量清单应包括项目编码、项目名称（项目特征）、计量单位和工程数量。分部分项工程量清单应根据附录"实体项目"中规定的项目编码、项目名称、项目特征、计量单位和工程量计算规则（五个要素）进行编制。

4.2.3　分部分项清单

4.2.3.1　任务说明

结合专用宿舍楼案例工程，将导入到计价软件的清单项进行初步整理，完善项目特征描述，添加钢筋工程清单及相应的钢筋工程量。

4.2.3.2　任务分析

需要根据现行《房屋建筑与装饰工程工程量计算规范》（GB 50854—2013）的规定及顺序对分部分项清单进行整理，完善项目特征的描述，使其能满足工程计价的需要，对分部分项工程清单中每一个清单项套用的定额子目进行检查、斟酌、确认，无误后结合清单的项目特征对照分析是否需要进行换算。如果需要，进行相应换算，最后进行分部整理。

根据《山东省建筑工程消耗量定额》（2016版）钢筋工程计量与计价的要求，将算量文件中钢筋按照不同级别、不同直径分别进行工程量统计，然后在计价文件中增加钢筋工程的清单项。

4.2.3.3　任务实施

（1）整理清单

① 在分部分项界面进行分部分项整理清单项。单击"整理清单"下的"分部整理"，如图 4-11 所示，弹出分部整理对话框，如图 4-12 所示。

② 选择按专业、章、节整理后，单击"确定"按钮。

③ 清单整理完成后界面，如图 4-13 所示。

（2）项目特征描述

项目特征描述主要有以下三种方法。

① BIM 土建计量软件中已包含项目特征描述的，软件默认将其全部导入到云计价平台中来。

② 选择清单项，在"特征及内容"界面可以进行添加或修改来完善项目特征，例如场地平整清单项，如图 4-14 所示。

③ 直接单击"项目特征"对话框，进行修改或添加，如图 4-15 所示。

图 4-11

图 4-12

图 4-13

	工料机显示	单价构成	标准换算	换算信息	安装费用	特征及内容
	工作内容		特征		特征值	输出
1	土方挖填	1	土壤类别		三类土	☑
2	场地找平	2	弃土运距		10m 以内	☑
3	运输	3	取土运距		50m 以内	☑

图 4-14

图 4-15

（3）补充清单项

① 完善分部分项清单，将项目特征补充完整。本处主要介绍以下两种方法。

方法一：单击"插入"，选择"插入清单"和"插入子目"，如图 4-16 所示。

图 4-16

方法二：单击右键选择"插入清单"和"插入子目"，如图 4-17 所示。

图 4-17

② 添加该工程需补充的清单子目，填写具体的补充清单内容，如图 4-18 所示。

（4）添加、整理钢筋工程清单项

① 结合《山东省建筑工程消耗量定额》（2016 版）计量要求，根据《房屋建筑与装饰工程工程量计算规范》（GB 50854—2013）添加钢筋工程清单项，根据不同级别、直径分别列项，如图 4-19 所示。

图 4-18

	编码	类别	名称	单位	含量	工程量表达式	工程量	单价
B3	⊟ A.5.15		钢筋工程					
1	⊟ 010515001001	项	现浇构件钢筋 ···	t		1.634	1.634	
	5-4-5	定	现浇构件钢筋HRB335（HRB400）≤φ10	t	1	QDL	1.634	5700.15
2	⊟ 010515001002	项	现浇构件钢筋	t		1.384	1.384	
	5-4-30	定	现浇构件箍筋≤φ10	t	1	1.384	1.384	6503.72
3	⊟ 010515001003	项	现浇构件钢筋	t		0.871	0.871	
	5-4-67	定	砌体加固筋焊接≤φ6.5	t	1	QDL	0.871	6258.09
4	⊟ 010515001004	项	现浇构件钢筋	t		12.827	12.827	
	5-4-5	定	现浇构件钢筋HRB335（HRB400）≤φ10	t	1	QDL	12.827	5700.15

图 4-19

　② 根据《山东省建筑工程消耗量定额》（2016 版）钢筋工程计价的要求，将钢筋工程清单项进行组价，如图 4-20 所示。

（5）检查与整理

1）整体检查

① 对分部分项的清单与定额的套用做法进行检查，核查是否有误。

② 查看整个的分部分项中是否有空格，如有要进行删除。

③ 按清单项目特征描述校核套用定额的一致性，并进行修改。

④ 查看清单工程量与定额工程量的数据差别是否正确。

2）整体进行分部整理　对于分部整理完成后出现的"补充分章节位置至应该归类的分部"警告，进行如下操作。右键单击清单项编辑界面，选择"页面显示列设置"，在弹出对话框下选择"指定章节位置"。

编码	类别	名称	单位	含量	工程量表达式	工程量	单价
B3 □ A.5.15		钢筋工程					
1 □ 010515001001	项	现浇构件钢筋 …	t		1.634	1.634	
5-4-5	定	现浇构件钢筋HRB335（HRB400）≤φ10	t	1	QDL	1.634	5700.15
2 □ 010515001002	项	现浇构件钢筋	t		1.384	1.384	
5-4-30	定	现浇构件箍筋≤φ10	t	1	QDL	1.384	6503.72
3 □ 010515001003	项	现浇构件钢筋	t		0.871	0.871	
5-4-67	定	砌体加固筋焊接≤φ6.5	t	1	QDL	0.871	6258.09
4 □ 010515001004	项	现浇构件钢筋	t		12.827	12.827	
5-4-5	定	现浇构件钢筋HRB335（HRB400）≤φ10	t	1	QDL	12.827	5700.15
5 □ 010515001005	项	现浇构件钢筋	t		1.401	1.401	
5-4-30	定	现浇构件箍筋≤φ10	t	1	QDL	1.401	6503.72
6 □ 010515001006	项	现浇构件钢筋	t		1.484	1.484	
5-4-6	定	现浇构件钢筋HRB335（HRB400）≤φ18	t	1	QDL	1.484	5371.95
7 □ 010515001007	项	现浇构件钢筋	t		4.385	4.385	
5-4-6	定	现浇构件钢筋HRB335（HRB400）≤φ18	t	1	QDL	4.385	5371.95
8 □ 010515001008	项	现浇构件钢筋	t		3.534	3.534	
5-4-6	定	现浇构件钢筋HRB335（HRB400）≤φ18	t	1	QDL	3.534	5371.95
9 □ 010515001009	项	现浇构件钢筋	t		8.933	8.933	
5-4-6	定	现浇构件钢筋HRB335（HRB400）≤φ18	t	1	QDL	8.933	5371.95

图 4-20

(6) 单价构成

此页签的主要作用是查看或修改分部分项清单和定额子目单价的构成，也适合单价措施项目清单及定额子目的单价构成的查看和修改，具体操作如下。

① 点击"单价构成"，如图 4-21 所示。

| | 工科机显示 | 单价构成 | 标准换算 | 换算信息 | 安装费用 | 特征及内容 | 工程量明细 | 反查图形工程量 | 内容指引 | |

	序号	费用代号	名称	计算基数	基数说明	费率(%)	单价	合价	费用类别	备
1	1	A	直接费	A1+A2+A3+A4	人工费+材料费+机械费+主材费		6503.72	9001.15	直接费	
2	2	A1	人工费	RGF	人工费		2334.2	3230.53	人工费	
3	3	A2	材料费	CLF	材料费		4088.88	5659.01	材料费	
4	4	A3	机械费	JXF	机械费		80.64	111.61	机械费	
5	5	A4	主材费	ZCF	主材费		0	0	主材费	
6	6	B	管理费	SRGF	省人工费	25.6	597.56	827.02	管理费	
7	7	C	利润	SRGF	省人工费	15	350.13	484.58	利润	
8	8	D	综合单价	A+B+C	直接费+管理费+利润		7451.41	10312.75	工程造价	

图 4-21

② 根据清单计价规范和计价定额的有关规定修改计费基数，如图 4-22 所示。

③ 根据专业修改管理费和利润的取费费率，如图 4-23 所示。

(7) 计价换算

1) 替换子目。根据清单项目特征描述校核套用定额的一致性，如果套用子目不合适，可单击"查询"下的"查询定额"，选择相应子目进行"替换"，如图 4-24 所示。

2) 子目换算 按清单描述进行子目换算时，主要包括以下三个方面的换算。

① 调整系数。下面以混凝土楼梯为例，介绍调整梯段厚度系数的操作方法，定额子目中梯板厚度为 100mm，实际厚度是 120mm，需要将定额 5-1-43 项目乘以系数 2，如图 4-25 所示。

图 4-22

图 4-23

② 换算混凝土、砂浆强度等级时，方法如下。

a. 标准换算。选择需要换算混凝土标号的定额子目，在标准换算界面下选择相应的混凝土强度等级，完成换算，如图 4-26 所示。

b. 材料替换。当项目特征中要求的材料与子目相对应人材机材料不相符时，需要对材料进行替换。在工料机操作界面，点开材料名称进行查询，选择需要的材料后，点击"替换"按钮，完成修改，如图 4-27 所示。有时工程中需要用到定额中不存在的材料，则可以在需要替换的材料名称、规格型号处直接修改即可。

图 4-24

图 4-25

c. 批量系数换算。当清单中的材料进行换算的系数相同时，可选中所有换算内容相同的清单项，单击常用功能中的"其它"下的"批量换算"对材料进行换算，如图 4-28 所示。

③ 调整墙面抹灰厚度。下面以"011201001002-墙面一般抹灰"清单项下的"12-1-4 水泥砂浆（厚 9＋6mm）混凝土墙（砌块墙）"定额子目的修改为例，介绍墙面抹灰厚度的调整方法和过程。图 4-29 是该定额子目中包含的 9mm 厚 1∶3 水泥抹灰砂浆打底和 6mm 厚 1∶2 水泥抹灰砂浆罩面，需要将定额中 12-1-4 中抹灰厚度按照设计要求调整，需要套取调整定额 12-1-16 的按设计厚度与定额厚度的差值乘系数，砂浆配合比换算直接在定额标准换算中调整。

图 4-26

图 4-27

换算信息如图 4-30、图 4-31 所示。

4.2.3.4　任务总结

相关分部分项工程清单与计价表可参见本书配套电子资源。

4.2.3.5　拓展延伸

（1）软件操作延伸

在所有清单补充完整之后，可运用"锁定清单"对所有清单项进行锁定，锁定之后的清单项将不能再进行添加和删除等操作。若要进行修改，需先对清单项进行解锁，如图 4-32 所示。

图 4-28

图 4-29

图 4-30

图 4-31

图 4-32

（2）业务理论延伸

工程量清单五要素的确定方法如下。

① 分部分项工程量清单项目按规定编码。分部分项工程量清单项目编码以五级设置，用 12 位数字表示，前 9 位全国统一，不得变动；后 3 位是清单项目名称顺序码，由清单编制人设置，同一招标工程的项目编码不得有重码。

② 分部分项工程量清单的项目名称与项目特征应结合拟建工程的实际情况确定。项目名称原则上以形成工程实体而命名。分部分项工程量清单项目名称的设置应考虑三个因素：一是计算规范中的项目名称；二是计算规范中的项目特征；三是拟建工程的实际情况（计算规范中的工作内容）。

项目特征是构成分部分项工程量清单项目、措施项目自身价值的本质特征。分部分项工程量清单项目特征应按《房屋建筑与装饰工程工程量计算规范》（GB 50854—2013）中规定的项目特征，考虑该项目的规格、型号、材质等特征要求，结合拟建工程的实际情况，使其工程量项目名称具体化、细化，对影响工程造价的因素都应予以描述。

③ 分部分项工程量清单的计量单位按规定的计量单位确定。工程量的计量单位均采用基本单位计量。编制清单或报价时按规定的计量单位计量。具体如下：长度计量单位为 m；面积计量单位为 m^2；体积计量单位为 m^3；重量计量单位为 t、kg；自然计量单位为台、套、个、组。当计量单位有两个或两个以上时，应根据所编工程量清单项目特征要求，选择最适宜表现该项目特征并方便计量的单位。

④ 实物数量（工程量）严格按清单工程量计算规则计算。

4.2.4　措施项目清单

4.2.4.1　任务说明

结合专用宿舍楼案例工程，编制措施项目清单并进行相应的取费。

4.2.4.2 任务分析

项目所在地在山东，首先明确本项目需要计取哪几项措施项目费，明确其是单价措施项目还是总价措施项目，是按计量还是按计项的方法计取，然后确定山东地区措施项目费用计取的相关规定，最后确定其计费基数和费率。

4.2.4.3 任务实施

（1）结合山东地区的相关规定，明确本项目需要计取的措施项目费

① 总价措施费，是指省建设行政主管部门根据建筑市场状况和多数企业经营管理情况、技术水平等测算发布了费率的措施项目费用。本项目计算的总价措施费主要内容包括：夜间施工费，二次搬运费，冬雨季施工增加费，已完工程及设备保护费。

② 单价措施费，是指消耗量定额中列有子目、并规定了计算方法的措施项目费用。

（2）利用计价软件编制措施项目费

1）总价措施项目　编制招标控制价时，所有费率根据山东省相关规定，结合宿舍楼工程计取。

例如夜间施工费、二次搬运费、冬雨季施工增加费、已完工程及设备保护费等计取的总价措施费，执行文件"山东省工程类别划分及取费标准"，取费基数为省人工费，费率分别为：夜间施工费 2.55%、二次搬运费 2.18%、冬雨季施工增加费 2.91%、已完工程及设备保护费 0.15%。

费率输入方法如下。

① 在取费设置页面直接输入费率，如图 4-33。

造价分析	工程概况	取费设置	分部分项	措施项目	其他项目	人材机汇总	费用汇总				

费用条件

	名称	内容
1	城市名称	济南
2	取费时间	19年4月~20年7月

费率　■ 恢复到系统默认　■ 查询费率信息　　　※ 费率为空表示按照费率100%计取

	取费专业	工程类别	管理费(%)	利润(%)	总价措施费			
					夜间施工费	二次搬运费	冬雨季施工增加费	已完工程及设备保护费
1	建筑工程	III类工程	25.6	15	2.55	2.18	2.91	0.15
2	装饰工程	III类工程	32.2	17.3	3.64	3.28	4.1	0.15

图 4-33

② 在措施项目页面自行输入，如图 4-34。

造价分析	工程概况	取费设置	分部分项	措施项目	其他项目	人材机汇总	费用汇总			■ 措施模板:建筑工程	

	序号	类别	名称	单位	项目特征	工程量	计算基数	费率(%)	综合单价	综合合价	单价
-			措施项目							550681.6	
-	1		总价措施项目							58327.29	
1	011707002001		夜间施工费	项		1	SRGF	2.55 ▼	18195.85	18195.85	夜间
2	011707004001		二次搬运费	项		1	SRGF	2.18	15555.67	15555.67	二次
3	011707005001		冬雨季施工增加费	项		1	SRGF	2.91	20764.67	20764.67	冬雨
4	011707007001		已完工程及设备保护费	项		1	SZJF	0.15	3811.1	3811.1	已完

图 4-34

③ 也可以在措施项目页面下的费率索引中点选，如图 4-35。

2）提取模板项目　在措施项目界面中选择常用工具中"提取模板项目"，正确选择对应模板子目。如果是从土建算量软件导入结果，就可以省略上面的操作，如图 4-36 和图 4-37所示。

图 4-35

图 4-36

图 4-37

3）计取超高施工增加费　本工程为多层建筑，层数未超过 6 层，不计取超高施工增加费。

4）完成垂直运输和大型机械进出场费的编制，如图 4-38 所示。

5	□ 011703001002		垂直运输	m2	6层以下 现浇框架结构 首层建筑建筑面积1000平方米以下	797.37		27.52	21943.62
		19-1-6 定	±0.00以下无地下室独立基础垂直运输 底层建筑面积≤1000m2	10m2		79.737		275.25	21947.61
6	□ 011705001001		大型机械设备进出场及安拆	台次	1.机械设备名称:塔式起重机	2		12105	24210
		19-3-5 定	自升式塔式起重机安拆 檐高≤20m	台次		2		12105	24210

图 4-38

5）完成脚手架费用的编制，如图 4-39 所示。

7	□ 011701001001		综合脚手架 1.建筑结构形式:框架结构 2.檐口高度:7.65m	m2		1732.4800		30.5	52840.64
		17-1-6 定	单排外钢管脚手架≤10m	10m2		120.27543		173.69	20890.64
		17-2-1 定	单排里脚手架≤3.6m	10m2		247.188		99.43	24577.9
		17-2-1 *0.3 换	单排里脚手架≤3.6m 内墙面装饰高度≤3.6m时 单价*0.3	10m2		247.188		29.84	7376.09

图 4-39

4.2.4.4　任务总结

(1) 总价措施费

总价措施费相关信息见图 4-40。

	序号	类别	名称	单位	项目特征	工程量	计算基数	费率(%)	综合单价
□			措施项目						
	□ 1		总价措施项目						
1	011707002001		夜间施工费	项		1	SRGF	2.55	18195.85
2	011707004001		二次搬运费	项		1	SRGF	2.18	15555.67
3	011707005001		冬雨季施工增加费	项		1	SRGF	2.91	20764.67
4	011707007001		已完工程及设备保护费	项		1	SZJF	0.15	3811.1

图 4-40

(2) 单价措施项目费

单价措施项目费见图 4-41。

	□ 2		单价措施项目						538507.93
5	⊞ 011703001002		垂直运输	m2	6层以下 现浇框架结构 首层建筑建筑面积1000平方米以下	797.37		27.52	21943.62
6	⊞ 011705001001		大型机械设备进出场及安拆	台次	1.机械设备名称:塔式起重机	2		12105	24210
7	⊞ 011701001001		综合脚手架 1.建筑结构形式:框架结构 2.檐口高度:7.65m	m2		1732.4800		30.5	52840.64
8	⊞ 011702001001		基础 1.基础类型:独立基础	m2		281.566		151.41	42631.91
9	⊞ 011702002001		矩形柱 模板类型:复合木模板	m2		458.9067		74	33959.1
10	⊞ 011702002002		矩形柱 1.模板类型:复合木模板 2.层高: 3.65m	m2		276.406		73.7	20371.12
11	⊞ 011702003001		构造柱 模板类型:复合木模板	m2		76.335		132.07	10081.56
12	⊞ 011702003002		构造柱 1.模板类型:复合木模板 层高: 3.65m	m2		43.1863		149.94	6475.35
13	⊞ 011702006001		矩形梁 1.支撑高度:3.6m 2.模板类型:复合木模板	m2		453.3765		87.24	39552.57

图 4-41

4.2.4.5　拓展延伸

（1）软件操作延伸

造价人员要时刻关注信息动态，保证按照最新的费率进行调整。

（2）业务理论延伸

措施费是指为完成工程项目施工，发生于该工程施工前和施工过程中非工程实体项目的费用。根据现行工程量清单计算规范，措施项目费分为单价措施项目与总价措施项目。

1）总价措施费　是指省建设行政主管部门根据建筑市场状况和多数企业经营管理情况、技术水平等测算发布了费率的措施项目费用。

总价措施费的主要内容包括：

① 夜间施工增加费：是指因夜间施工所发生的夜班补助费、夜间施工降效、夜间施工照明设备摊销及照明用电等费用。

② 二次搬运费：是指因施工场地条件限制而发生的材料、构配件、半成品等一次运输不能到达堆放地点，必须进行二次或多次搬运所发生的费用。

施工现场场地的大小，因工程规模、工程地点、周边情况等因素的不同而各不相同，一般情况下，场地周边围挡范围内的区域，为施工现场。

若确因场地狭窄，按经过批准的施工组织设计，必须在施工现场之外存放材料、或必须在施工现场采用立体架构形式存放材料时，其由场外到场内的运输费用、或立体架构所发生的搭设费用，按实另计。

③ 冬雨季施工增加费：是指在冬季或雨季施工需增加的临时设施、防滑、排除雨雪，人工及施工机械效率降低等费用。

冬雨季施工增加费，不包括混凝土、砂浆的骨料炒拌、提高强度等级以及掺加于其中的早强、抗冻等外加剂的费用。

④ 已完工程及设备保护费：是指竣工验收前，对已完工程及设备采取的必要保护措施所发生的费用。

⑤ 工程定位复测费：是指工程施工过程中进行全部施工测量放线和复测工作的费用。

⑥ 市政工程地下管线交叉处理费：是指施工过程中对现有施工场地内各种地下交叉管线进行加固及处理所发生的费用，不包括地下管线改移发生的费用。

2）单价措施费　是指消耗量定额中列有子目、并规定了计算方法的措施项目费用。

4.2.5　其它项目清单

4.2.5.1　任务说明

结合《BIM算量一图一练》专用宿舍楼案例工程，编制其它项目清单费用。

4.2.5.2　任务分析

编制暂列金额、专业工程暂估价及计日工费用，根据招标文件所述编制其它项目清单。按本工程控制价编制要求，本工程暂列金额为15万元。

4.2.5.3 任务实施

① 添加暂列金额。单击"其它项目"下的"暂列金额"，如图 4-42 所示。按招标文件要求暂列金额为 150000 元，在名称中输入"暂列金额"，在计量单位中输入"元"，在金额处输入"150000"。

图 4-42

② 添加计日工。单击"其它项目"下的"计日工费用"，如图 4-43 所示。按招标文件要求，本项目有计日工费用，需要添加计日工，其中木工单价为 150 元/日、钢筋工单价为135 元/日，另外还有材料费用和机械费用，均按招标文件要求填写。

	造价分析	工程概况	取费设置	分部分项	措施项目	其他项目	人材机汇总	费用汇总		
	单位	数量	单价	合价	综合单价	综合合价	取费文件	备注

	单位	数量	单价	合价	综合单价	综合合价	取费文件	备注
1						36450		
2						2850	人工模板	
3	工日	10	150	1500	150	1500	人工模板	
4	工日	10	135	1350	135	1350	人工模板	
5						17600	材料模板	
6	m3	100	120	12000	120	12000	材料模板	
7	块	500	0.58	290	0.58	290	材料模板	
8	t	10	531	5310	531	5310	材料模板	
9						16000	机械模板	
10	台班	20	800	16000	800	16000	机械模板	

图 4-43

4.2.5.4 任务总结

暂列金和计日工表项目页面分别如图 4-44 和图 4-45 所示。

	造价分析	工程概况	取费设置	分部分项	措施项目	其他项目	人材机汇总	费用汇总	
其他项目		序号	名称		计量单位	计算基数	费率（%）	暂定金额	备注
暂列金额		1	1	暂列金额		元		150000	...
特殊项目暂估价									

图 4-44

图 4-45

4.2.5.5　拓展延伸

① 暂列金额指建设单位在工程量清单中暂定并包括在工程合同价款中的一笔款项。用于施工合同签订时尚未确定或者不可预见的所需材料、工程设备、服务的采购，施工中可能发生的工程变更、合同约定调整因素出现时的工程价款调整以及发生的索赔、现场签证确认等的费用。

暂列金额一般可按分部分项工程费用的 10％～15％ 计算。工程结算时，暂列金额应予以取消，另根据工程实际发生项目增加费用。

② 计日工指在施工过程中，施工企业完成建设单位提出的施工图纸以外的零星项目或工作所需的费用。

③ 总承包服务费指总承包人为配合、协调建设单位进行的专业工程发包，对建设单位自行采购的材料、工程设备等进行保管以及施工现场管理、竣工资料汇总整理等服务所需的费用。

4.2.6　人材机汇总

4.2.6.1　任务说明

根据招标文件所述导入信息价，按招标要求修正人材机价格。

4.2.6.2　任务分析

按照招标文件规定，本工程最高投标限价的基准期为 2020 年 7 月，因此除暂估材料及甲供材料外，人、材、机价格按 2020 年 7 月公布的济南市"工程造价信息"确定的人、材、机价格取定；建筑工程省价人工费为 110 元/工日、装饰工程省价人工费为 120 元/工日，土建人工费市场价为 125 元/工日，装饰人工费市场价为 137 元/工日，同时根据招标文件，编制甲供材料及暂估材料。

4.2.6.3　任务实施

① 在"人材机汇总"界面下，点击工具中的"载价"下的"批量载价"，在弹出的对话框中选择招标文件要求的"济南市 2020 年 7 月"信息价载入，如图 4-46 所示。点击"下一步"，信息价中与定额中完全匹配的材料的价格出现在待载价格列中，如图 4-47 所示。再点击"下一步"，出现材料信息价载入后的材料费用变化率，并显示人材机占总费用的比例，

如图 4-48 所示；点击"完成"按钮，材料信息价载入成功。对于未载入的材料价格还需逐一调整市场价，最后输入所有市场价格发生变化的材料的税率。

图 4-46

图 4-47

② 按照招标文件的要求，对于甲供材料可以在"供货方式"处选择"甲供材料"，如图 4-49 所示。

③ 按照招标文件要求，对于暂估材料表中要求的暂估材料，可以在"人材机汇总"中将暂估材料选中，此时可锁定市场价，如图 4-50 所示。

图 4-48

	编码	类别	名称	规格型号	单位	税率(%)	供货方式	甲供数量	不含税市场价合计
45	04130005	材	烧结煤矸石普通砖	240×115×53	m3	3	自行采购		7942.32
46	04150015	材	蒸压粉煤灰加气混凝土砌块	600×200×240	m3	3	自行采购		118793.83
47	05030007	材	模板材		m3	13	自行采购		4645.62
48	07010003	材	瓷砖	200×300	m2	13	自行采购		41464.28
49	07030003	材	瓷质外墙砖	194×94	m2	13	自行采购		26856.95
50	09000015	材	锯成材		m3	13	自行采购		119911.76
51	11030013	材	钢质防火门		m2	13	甲供材料	16.506	9056.35
52	11090001	材	金属防火窗		m2	13	甲供材料	4.32	1382.4
53	11110003	材	塑钢平开窗		m2	13	自行采购		17480.14
54	11110005	材	塑钢推拉窗		m2	13	自行采购		59331.48
55	11110007	材	塑钢平开门		m2	13	自行采购		149942.71
56	12060003	材	石材踢脚板	直线形	m2	13	自行采购		3586.46
57	13010065	材	成品腻子		kg	13	自行采购		6302.73
58	13030049	材	聚氨酯甲乙料		kg	13	自行采购		1620.9
59	13030053	材	乳胶漆		kg	13	自行采购		36915.61
60	13050015	材	红丹防锈漆		kg	13	自行采购		643.39
61	13310005	材	石油沥青	10#	kg	13	自行采购		260.81

图 4-49

④ 批量修改人材机属性在修改材料供货方式、市场价锁定、主要材料类别等材料属性时，可同时选中多个，单击常用工具中"其它"，选择"批量修改"，如图 4-51 所示。在弹出的"批量修改"对话框中，选择需要修改的人材机属性内容并进行修改，如图 4-52 所示。

图 4-50

图 4-51

	选择	编码	名称	类别	供货方式	市场价锁定	输出标记	三材类别	是否暂估
1	☐	00010010	综合工日(土建)	人工费	自行采购		☑		
2	☐	00010020	综合工日(装饰)	人工费	自行采购		☑		
3	☐	01010027	钢筋	材料费	自行采购		☑	钢筋	
4	☐	01010029	钢筋	材料费	自行采购		☑	钢筋	
5	☐	01010033	钢筋	材料费	自行采购		☑	钢筋	
6	☐	01010065	钢筋	材料费	自行采购		☑	钢筋	
7	☐	01010109	箍筋	材料费	自行采购		☑	钢筋	
8	☐	01030025	镀锌低碳钢丝	材料费	自行采购		☑		
9	☐	01030049	镀锌低碳钢丝	材料费	自行采购		☑		
10	☐	01290251	镀锌铁皮	材料费	自行采购		☑		
11	☐	01370001	钢嵌条	材料费	自行采购		☑		
12	☐	01610003	杜鹃棒	材料费	自行采购		☑		
13	☐	02090013	塑料薄膜	材料费	自行采购		☑		
14	☐	02190009	尼龙帽	材料费	自行采购		☑		
15	☐	02270003	白布	材料费	自行采购		☑		
16	☐	02270019	棉纱	材料费	自行采购		☑		
17	☐	02270047	阻燃毛毡	材料费	自行采购		☑		
18	☐	02290019	麻袋布	材料费	自行采购		☑		
19	☐	02330005	草袋	材料费	自行采购		☑		
20	☐	03010001	地脚	材料费	自行采购		☑		
21	☐	03010023	螺钉	材料费	自行采购		☑		

图 4-52

4.2.6.4 任务总结

(1) 人材机汇总表 (表 4-6)

表 4-6 人材机汇总表 (部分)

序号	编码	类别	名称	规格型号	单位	数量	不含税省单价/元	不含税市场价/元	含税市场价/元	税率/%	供货方式
1	14410003	材料	108 胶		kg	78.53715	2.04	2.79	3.15	13	自行采购
2	80310003	配比	3∶7 灰土		m³	25.66146	114.98	145.05	149.4		自行采购
3	80210003	商混凝土	C15 现浇混凝土	碎石＜40mm	m³	55.01975	436.89	427.18	440	3	自行采购
4	80210007	商混凝土	C20 现浇混凝土	碎石＜20mm	m³	3.06864	456.31	446.6	460	3	自行采购
5	80210011	商混凝土	C20 现浇混凝土	碎石＜40mm	m³	6.94485	466.02	480.58	495	3	自行采购
6	80210017	商混凝土	C25 现浇混凝土	碎石＜31.5mm	m³	47.93683	466.02	490.29	505	3	自行采购
7	80210021	商混凝土	C30 现浇混凝土	碎石＜20mm	m³	197.83752	475.73	480.58	495	3	自行采购
8	80210023	商混凝土	C30 现浇混凝土	碎石＜31.5mm	m³	263.20946	475.73	524.27	540	3	自行采购
9	80210025	商混凝土	C30 现浇混凝土	碎石＜40mm	m³	270.42932	475.73	475.73	490	3	自行采购
10	13350003	材料	SBS 弹性沥青防水胶		kg	274.87908	33.79	53.1	60	13	自行采购
11	13330005	材料	SBS 防水卷材		m²	2198.17718	28.34	39.82	45	13	自行采购
12	994500090	机械	安拆费及场外运费		元	2757.48699	1	1	1	0	自行采购
13	02270003	材料	白布		m²	3.21376	5.89	5.93	6.7	13	自行采购
14	04010017	材料	白水泥		kg	297.02455	0.69	1.34	1.51	13	自行采购
15	14410017	材料	玻璃胶	310g	支	443.03223	8.92	13.01	14.7	13	自行采购
16	20030001	材料	不锈钢法兰	φ59mm	只	88.50723	24.78	66.37	75	13	自行采购
17	17050003	材料	不锈钢管	φ32mm×1.5mm	m	278.91131	22.75	28.5	32.21	13	自行采购
18	17050003@1	材料	不锈钢管	φ30mm×1.5mm	m	594.19834	22.75	28.5	32.21	13	自行采购
19	17050005	材料	不锈钢管	φ60mm×2mm	m	162.56743	61.14	66.5	75.14	13	自行采购
20	17050005@1	材料	不锈钢管	φ40mm×2mm	m	162.56743	61.14	59.86	67.64	13	自行采购

（2）暂估价表（表4-7）

表4-7　暂估价表

序号	材料号	费用类别	材料名称	规格型号	单位	数量	不含税暂定价/元	含税暂定价/元	税率/%	不含税暂定价合计/元	含税暂定价合计/元
1	04110031	材料费	石材块料		m²	1522.79989	175.9	181.18	3	267860.5	275900.88
2	07010003	材料费	瓷砖	200mm×300mm	m²	937.0459	44.25	50	13	41464.28	46852.3
3	07030003	材料费	瓷质外墙砖	194mm×94mm	m²	1011.56108	26.55	30	13	26856.95	30346.83
4	12050003	材料费	石材踢脚板	直线形	m²	9.88468	362.83	410	13	3586.46	4052.72

（3）甲供材料表（表4-8）

表4-8　甲供材料表

序号	名称及规格	单位	甲供数量	市场价/元	市场价合价/元
1	钢质防火门	m²	16.506	890	14690.34
2	金属防火窗	m²	4.32	800	3456
	合计				18146.34

4.2.6.5　拓展延伸

（1）市场价锁定

对于招标文件要求的，如甲供材料表、暂估材料表中涉及的材料价格是不能进行调整的；为了避免在调整其它材料价格时出现操作失误，可使用"市场价锁定"对修改后的材料价格进行锁定，如图4-53所示。

	编码	类别	名称	规格型号	单位	价差合计	市场价锁定	输出标记	产地	厂家	是否暂估	二次分析
23	CLFTZ	材	材料费调整		元	0	☐	☑				
24	34050003	材	草板纸	80#	张	-592.62	☐	☑			☐	
25	02330005	材	草袋		m2	4.12	☐	☑			☐	
26	994500150	机	柴油		kg	1107.37	☐	☑				
27	13010065	材	成品腻子		kg	-4014.88	☐	☑			☐	
28	07030003	材	瓷质外墙砖	194×94	m2	-13271.68	☑	☑			☑	
29	07010003	材	瓷砖	200×300	m2	14177.5	☑	☑			☑	
30	14410019	材	大理石胶		kg	-12.39	☐	☑			☐	
31	35030029	材	底座		个	-9.03	☐	☑			☐	

图4-53

（2）显示对应子目

对于人材机汇总中出现材料名称异常或数量异常的情况，可直接右击相应材料，选择"显示相应子目"，在分部分项中对材料进行修改，如图4-54所示。

（3）市场价存档

对于同一个项目的多个标段，发包方会要求所有标段的材料价保持一致，在调整好一个标段的材料价后可利用"市场价存档"将此材料价运用到其它标段；此处选择"保存Excel市场价文件"，如图4-55所示。

	编码	类别	名称	规格型号	单位	价差合计
27	13010065	材	成品腻子		kg	-4014.88
28	07030003	材	瓷质外墙砖			71.68
29	07010003	材	瓷砖			77.5
30	14410019	材	大理石胶			2.39
31	35030029	材	底座			9.03
32	03010001	材	地脚			6.57
33	34110009	材	电			0.08
34	994500160	机	电			73.12

右键菜单：
显示对应子目
人材机无价差
清除载价信息
甲供数量分摊
替换材料　Ctrl+B
插入批注　Ctrl+P
删除所有批注
导出到Excel
页面显示列设置
复制格子内容　Ctrl+Shift+C

图 4-54

图 4-55

在其它标段的人材机汇总中使用该市场价文件时，可运用"载入市场价"，此处选用已经保存好的 Excel 市场价文件，如图 4-56 所示。

图 4-56

在导入 Excel 市场价文件时，选择市场价文件所在位置，再选择市场价文件，最后点击打开按钮。

导入 Excel 市场价文件之后，需要先识别材料号、名称、规格、单位、单价等信息，识别完所需要的信息之后，需要选择匹配选项，然后导入即可，见图 4-57。

4.2.7　费用汇总

4.2.7.1　任务说明

根据招标文件所述内容和定额规定计取规费、税金，进行报表预览。

4.2.7.2　任务分析

根据需求载入专业费用文件模板，根据招标文件所述内容和定额规定计取规费、税金，选择招标方报表。

图 4-57

4.2.7.3 任务实施

（1）确定增值税税率

山东省住房和城乡建设厅印发《建筑业营改增建设工程计价依据调整实施意见》，结合《关于调整建设工程计价依据增值税税率的通知》（鲁建标字〔2019〕10 号），增值税税率由 10% 调整为 9%。2019 年 4 月 1 日（含）以后开标或签订施工合同的建设工程项目，招标人或发包人应按照本通知执行。因而本工程增值税税率为 9%。

（2）确定企业管理费

根据《山东省建设工程费用项目组成及计算规则》，工程类别为Ⅲ类的建筑工程，确定本工程企业管理费费率为 25.6%。

（3）确定利润率、规费费率

根据《山东省建设工程费用项目组成及计算规则》，山东省将措施费中的安全文明施工费（安全施工费、文明施工费、环境保护费、临时设施费）计入规费，具体费率如表 4-9 所示，利润率按照工程类别为Ⅲ类，建筑工程利润率为 15%。

表 4-9　相关措施费费率

单位：%

费用名称	专业名称				
	建筑工程	装饰工程	安装工程		园林绿化工程
			民用	工业	
安全文明施工费	3.70	4.15	4.98	4.38	2.92
其中：1. 安全施工费	2.34	2.34	2.34	1.74	1.16
2. 环境保护费	0.11	0.12	0.29		0.16
3. 文明施工费	0.54	0.10	0.59		0.35

续表

费用名称	专业名称				
	建筑工程	装饰工程	安装工程		园林绿化工程
			民用	工业	
4. 临时设施费	0.71	1.59	1.76		1.25
社会保险费	1.52				
住房公积金	按工程所在地的区市相关规定计算				
工程排污费					
建设项目工伤保险					

(4) 计价软件中输入费率

点击"费用汇总"界签，软件会根据"取费设置"填写好的费率计算各项费用，如图 4-58、图 4-59 所示。

图 4-58

图 4-59

（5）项目自检

① 点击常用工具中的"项目自检"，弹出项目自检界面，如图 4-60 所示。

图 4-60

② 在"设置检查项"界面选择需要检查的项目名称，如图 4-61 所示。

图 4-61

③ 点击"执行检查"按钮，根据生成的"检查结果"，对单位工程中的内容进行修改，检查结果如图 4-62 所示。

图 4-62

(6) 报表预览

点击"报表"菜单,各种报表会出现在预览区,根据需要可以点击需要预览的报表进行查看,点击屏幕左上角的"批量导出 Excel",则可以选择需要导出的报表,如图 4-63 所示。

图 4-63

4.2.7.4 任务总结

专用宿舍楼单位工程招标控制价报表见表4-10。

表4-10 单位工程招标控制价报表

工程名称：专用宿舍楼——建筑装饰　　　　　　　　　　　　　　　　　　第1页　共1页

序号	项目名称	金额/元	其中：材料暂估价/元
一	分部分项工程费	2919916.99	339769.4
1.1	A.1土石方工程	97224.58	
1.2	A.4砌筑工程	259694.62	
1.3	A.5混凝土及钢筋混凝土工程	1092662.16	
1.4	A.8门窗工程	311848.84	
1.5	A.9屋面及防水工程	178857.84	
1.6	A.10保温、隔热、防腐工程	53435.11	
1.7	A.11楼地面装饰工程	379150.01	271447.68
1.8	A.12墙、柱面装饰与隔断、幕墙工程	289244.1	68321.72
1.9	A.13天棚工程	66930.4	
1.10	A.14油漆、涂料、裱糊工程	118645.41	
1.11	A.15其他装饰工程	72223.92	
二	措施项目费	672776.93	
2.1	单价措施项目	614449.64	
2.2	总价措施项目	58327.29	
三	其他项目费	186450	
3.1	暂列金额	150000	
3.2	专业工程暂估价		
3.3	特殊项目暂估价		
3.4	计日工	36450	
3.5	采购保管费		
3.6	其他检验试验费		
3.7	总承包服务费		
3.8	其他		
四	规费	248478.72	
五	设备费		
六	税金	360852.87	
招标控制价合计＝一＋二＋三＋四＋五＋六		4388475.51	339769.4

4.2.7.5 拓展延伸

（1）软件操作延伸

如对报表有特殊要求，进入"报表"界面，选择"招标控制价"，单击需要输出的报表，选择"报表设计"，或直接点击报表设计器；进入报表设计器后，调整列宽及行距，如图4-64所示。

（2）业务理论延伸

山东省综合单价法计价程序如图4-65所示。图中各项费用的计算方法为计算基数乘以费率，费率为空的默认为按100%取费。

图 4-64

序号	费用代号	名称	计算基数	基数说明	费率(%)	金额	备注
二	B	措施项目费	CSXMHJ	措施项目合计		672,776.93	2.1+2.2
2.1	B1	单价措施项目	JSCSF	技术措施项目合计		614,449.64	Σ{(定额Σ(工日消耗量×人工单价)+Σ(材料消耗量×材料单价)+Σ(机械台班消耗量×台班单价))×单价措施项目工程量}
2.2	B2	总价措施项目	ZZCSF	组织措施项目合计		58,327.29	Σ[(JQ1×分部分项工程量)×措施费费率+(JQ1×分部分项工程量)×省发措施费费率×H×(管理费费率+利润率)]
三	C	其他项目费	QTXMHJ	其他项目合计		186,450.00	3.1+3.3+3.4+3.5+3.6+3.7+3.8
3.1	C1	暂列金额	暂列金额	暂列金额		150,000.00	…
3.2	C2	专业工程暂估价	专业工程暂估价	专业工程暂估价		0.00	
3.3	C3	特殊项目暂估价	特殊项目暂估价	特殊项目暂估价		0.00	
3.4	C4	计日工	计日工	计日工		36,450.00	
3.5	C5	采购保管费	采购保管费	采购保管费		0.00	
3.6	C6	其他检验试验费	其他检验试验费	其他检验试验费		0.00	
3.7	C7	总承包服务费	总承包服务费	总承包服务费		0.00	
3.8	C8	其他	其他	其他		0.00	
四	D	规费	D1+D2+D3+D4+D5+D6	安全文明施工费+社会保险费+住房公积金+环境保护税+建设项目工伤保险+优质优价费		248,478.72	4.1+4.2+4.3+4.4+4.5+4.6
4.1	D1	安全文明施工费	D11+D12+D13+D14	安全施工费+环境保护费+文明施工费+临时设施费		168,927.74	4.1.1+4.1.2+4.1.3+4.1.4
4.1.1	D11	安全施工费	A+B+C-BQGF_HJ	分部分项工程费+措施项目费+其他项目费-不取规费_合计	2.34	38,431.97	(一+二+三)*费率
4.1.2	D12	环境保护费	A+B+C-BQGF_HJ	分部分项工程费+措施项目费+其他项目费-不取规费_合计	0.56	21,163.21	(一+二+三)*费率
4.1.3	D13	文明施工费	A+B+C-BQGF_HJ	分部分项工程费+措施项目费+其他项目费-不取规费_合计	0.65	24,564.44	(一+二+三)*费率
4.1.4	D14	临时设施费	A+B+C-BQGF_HJ	分部分项工程费+措施项目费+其他项目费-不取规费_合计	0.92	34,768.12	(一+二+三)*费率
4.2	D2	社会保险费	A+B+C-BQGF_HJ	分部分项工程费+措施项目费+其他项目费-不取规费_合计	1.52	57,442.99	(一+二+三)*费率
4.3	D3	住房公积金	A+B+C-BQGF_HJ	分部分项工程费+措施项目费+其他项目费-不取规费_合计	0.21	7,936.20	(一+二+三)*费率
4.4	D4	环境保护税	A+B+C-BQGF_HJ	分部分项工程费+措施项目费+其他项目费-不取规费_合计	0.27	10,203.69	(一+二+三)*费率
4.5	D5	建设项目工伤保险	A+B+C-BQGF_HJ	分部分项工程费+措施项目费+其他项目费-不取规费_合计	0.105	3,968.10	(一+二+三)*费率
4.6	D6	优质优价费	A+B+C-BQGF_HJ	分部分项工程费+措施项目费+其他项目费-不取规费_合计	0	0.00	(一+二+三)*费率
五	E	设备费	SBF	分部分项设备费		0.00	Σ(设备单价×设备工程量)
六	F	税金	A+B+C+D+E-BQSJ_HJ-JGCLF-JGZCF-JGSBF	分部分项工程费+措施项目费+其他项目费+规费+设备费-不取税金_合计-甲供材料费-甲供主材费-甲供设备费	9	360,852.87	(一+二+三+四+五-甲供材料、设备款)×税率
七	G	工程费用合计	A+B+C+D+E+F	分部分项工程费+措施项目费+其他项目费+规费+设备费+税金		4,388,475.51	一+二+三+四+五+六

图 4-65

4.2.8 生成电子招标文件

4.2.8.1 任务说明

根据招标文件所述内容进行招标书自检并生成招标书。

4.2.8.2 任务分析

根据招标文件所述内容生成招标控制价相关文件。

4.2.8.3 任务实施

① 点击"电子标"菜单进入电子标模块，如图 4-66 所示。

② 点击"生成招标书"，弹出提示框，如图 4-67 所示。

图 4-66

图 4-67

③ 选择导出标书的存储位置和导出内容。如果在"费用汇总"模块未进行项目自检，此时点击"是"按钮，软件开始进行自检。自检完成后，按照检查结果进行修改，修改完成后再点击"生成招标书"。如果已经完成自检并且修改了所有错误，则直接点击"否"按钮，弹出如图 4-68 所示界面。选择招标书的导出位置，同时选择是导出工程量清单还是招标控制价，或是二者都导出。

④ 选择导出位置，点击"确定"按钮，完成招标书的生成，如图 4-69 所示。

图 4-68

图 4-69

⑤ 导出备案接口文件。在生成招标书之后，若需要电子版标书，可点击左上角文件菜单选择"导出标准造价数据"生成电子版。选择单位工程对应取费专业，如图 4-70 所示。

点击"确定"按钮，弹出"选择文件类型和导出节点"对话框，如图 4-71 所示。

选择文件存储位置后，点击"保存"按钮，完成"导出标准造价数据"操作。

4.2.8.4 拓展延伸

（1）编制招标控制价的一般规定

① 招标控制价应由具有编制能力的招标人，或受其委托具有相应资质的工程造价咨询

人编制。

图 4-70

图 4-71

② 工程造价咨询人接受招标人委托编制招标控制价，不得再就同一工程接受投标人委托编制投标报价。

③ 招标控制价应在招标时公布，不应上调或下浮，招标人应将招标控制价及有关资料报送工程所在地工程造价管理机构备查。

（2）编制与复核

1）编制依据

①《建设工程工程量清单计价规范》（GB 50500—2013）；

② 国家或省级、行业建设主管部门颁发的计价定额和计价办法；

③ 招标文件中的工程量清单及有关要求；

④ 与建设项目相关的标准、规范、技术资料；

⑤ 工程造价管理机构发布的工程造价信息；

⑥ 其它的相关资料。

2）综合单价中应包括招标文件中要求投标人承担的风险费用。

3）分部分项工程和措施项目中的单价项目，应根据拟定的招标文件和招标工程量清单项目中的特征描述及有关要求确定综合单价计算。

4）措施项目中的总价项目应根据拟定的招标文件和常规施工方案按规定计价，其中安全文明施工费、规费和税金必须按国家或省级、行业建设主管部门的规定计算，不得作为竞争性费用。

5）其它项目费应按下列规定计价。

① 暂列金额应按招标工程量清单中列出的金额填写；

② 暂估价中的材料单价应按招标工程量清单中列出单价计入综合单价；

③ 暂估价中的专业工程金额应按招标工程清单中列出金额填写；

④ 计日工应按招标工程清单中列出的项目根据工程特点和有关计价依据确定综合单价计算；

⑤ 总承包服务费应根据招标工程量清单列出的内容和要求估算。

4.3 案例项目报表导出实例

能利用软件导出招标控制价所需要的表格。

熟悉编制招标控制价需要的具体表格。

4.3.1 任务说明

结合编制完成的专用宿舍楼工程计价案例，按照招标文件的要求，导出并打印相应的报表，装订成册。

4.3.2 任务分析

结合编制完成的专用宿舍楼工程计价案例，按照招标文件的内容和格式规定，检查打印前的报表是否符合要求。

4.3.3 任务实施

工程量清单招标控制价实例的相关报表主要有以下几类。

① 招标控制价封面。

② 单项工程招标控制价汇总表。

③ 单位工程招标控制价汇总表。

④ 分部分项工程和单价措施项目清单与计价表。

⑤ 综合单价分析表。

⑥ 总价措施项目清单与计价表。

⑦ 其它项目清单与计价表。

⑧ 暂估价材料计价与调整表。

⑨ 计日工表。

⑩ 规费与税金项目清单计价表。

⑪ 发包人提供材料和工程设备一览表。

4.3.4 任务总结

报表详见配套电子文档资料。

4.3.5 拓展延伸

按照《建设工程工程量清单计价规范》（GB 50500—2013）的规定，计价表格由八大类构成，包括封面（封1～封4）、总说明（表-01）、汇总表（表-02～表-07）、分部分项工程量清单与计价表（表-08、表-09）、措施项目清单与计价表（表-10、表-11）、其它项目清单与计价表［表-12（含表-12-1～表-12-8）］、规费、税金项目清单与计价表（表-13）和工程款支付申请（核准）表（表-14），表格名称及样式详见规范。

编制招标控制价使用表格包括：封-2、扉-2、表-01、表-02、表-03、表-04、表-08、表-09、表-11、表-12（不含表-12-6～表-12-8）、表-13和表-14。

GCCP6.0 软件已经根据各地区的具体情况内置了各个阶段需要的各种报表，山东省常用报表分为工程量清单报表、招标控制价报表、投标方报表和其它报表四种，其中编制招标控制价常用表格如图 4-72 所示。

图 4-72

4.3.6 思考与练习

① 什么是招标控制价？编制招标控制价的依据是什么？

② 什么是措施费？措施费通常包括哪些费用？

③ 什么是其它项目费？包括哪些费用？

④ 什么是清单综合单价？包括哪几项费用？

⑤ 工程造价包括哪几项费用？

⑥ 请简要叙述清单计价文件的软件编制流程。

第5章

BIM工程案例评测应用

 学习目标

1. 认知目标：新时期的教学课程信息化评价体系；
2. 知识目标：基于互联网＋、大数据、人工智能的技能评价体系；
3. 技能目标：掌握批量快速准确评价学生课程学习效果的流程和方法。

5.1 BIM工程测评应用场景介绍

5.1.1 任务说明

① 了解过程性评价和结课性评价；
② 掌握如何快速对课程结果进行评价；
③ 掌握教学哪些场景中需要进行课程评价。

5.1.2 任务分析

① 什么是过程性评价？什么是结课性评价？
② 如何快速评价课程的学习效果？
③ 课程评价适用于哪些教学场景？

5.1.3 任务实施

(1) 新时期的课程评价体系

① 过程性评价。过程性评价主要采用"嵌入式"过程性评价，分为两阶层：教师对学生的评价、学生自我评价。在第一节课中教师要有"四个告知"，即告知课程基本信息，告知课程学习目标，告知课程教学内容、总体安排，告知课程上课方式、考核方式和教师相关信息。这其中的考核方式，教师要详细解释，包括任务实施前期准备工作材料、实施过程的完成任务障碍和解决办法、实施质量评定、阶段成果展示汇报表现、评定成绩计算方法等细节。在这两阶层的评价过程中，第一阶层是教师评定学生，负责评定学习练习的成果；第二阶层是学生自评，学生参照教师的评价标准对自己的学习进行自我评价。

② 结课性评价。结课性评价主要是考核学生的实际动手能力。教师预先准备检测项目，对学生职业技能进行考评。教师要求学生在规定时间内完成指定的项目任务，主要是考核学生技能应用能力。

③ 课程总评价。课程总评价需结合学生学习能力和工作能力的差异性，根据统一性标准和差异性标准，核定学生课程成绩。它由过程性评价和结课性评价两大部分组成，评价元素各有权重。

（2）快速评价课程的学习效果

课程评价包括过程性评价和结课性评价。过程性评价的过程是在课堂学习阶段进行和完成的，特性是时间短。要在短时间内完成对整个班级学生的学习效果的评价，这对于教师来说是一个非常大的挑战。基于当前的现状，广联达工程教育联合校企推出测评认证平台，用于支撑高校教学所需的快速课程评价。

① 通过内置教材配套的练习题，节省教师编制随堂练习的时间。根据每本广联达实训教材，都精心编制了配套的章节练习题（图 5-1），练习题所采用的图纸、工程均与教材相一致，保障所练即所教，所用即所有，同时搭配不同的难易程度，适用于多场景、多课时的授课安排。教师可以根据自己的授课安排，提前在测评认证平台安排随堂练习题，方便在课堂中随时使用。

☐ CGGTJ109-计算首层装修的工程量	土建计量实操题	易	2019-12-05 13:49:...	修改 删除
☐ CGGTJ108-计算首层楼梯的工程量	土建计量实操题	易	2019-12-05 13:45:...	修改 删除
☐ CGGTJ107-计算首层构造柱过梁及压顶的工...	土建计量实操题	易	2019-12-04 15:57:...	修改 删除
☐ CGGTJ106-计算首层门窗洞口的工程量	土建计量实操题	易	2019-11-06 21:21:...	修改 删除
☐ CGGTJ105-计算首层填充墙的工程量	土建计量实操题	易	2019-11-06 21:13:...	修改 删除
☐ CGGTJ104-计算首层板的工程量	土建计量实操题	易	2019-11-06 21:07:...	修改 删除
☐ CGGTJ103-计算首层梁的工程量	土建计量实操题	易	2019-11-06 21:02:...	修改 删除
☐ CGGTJ102-计算首层剪力墙、连梁的工程量 剪力墙、连梁	土建计量实操题	易	2019-11-06 20:57:...	修改 删除
☐ CGGTJ101-计算首层柱工程量 柱、暗柱	土建计量实操题	易	2019-11-06 20:49:...	修改 删除

图 5-1

② 教师快速掌握学生学习效果，把控教学进度。教师可根据授课进度，在授课中间穿插随堂练习，安排学生进行练习。在练习的过程中，教师可通过考试后台轻松查看学生的练习进度、得分情况（图 5-2），并可查看每个学生的评分明细（图 5-3），查看整个班级的成绩分析，快速找到学生对本堂课程知识点的掌握情况，调整教学进度和讲解重点。

③ 学生可通过云对比，快速检查自身不足。学生提交练习成果后，可以立即看到评分结果和评分明细。学生可通过两种方式检查自身不足。一是根据评分明细，核查失分点，找到有问题或疑问的地方进行改进，再次提交；二是可通过云比对功能，通过将答案工程与作答工程进行对比，检查出差异点，快速定位到问题所在，再进行修改。

（3）课程评价的应用场景介绍

前面讲解了过程性评价、结课性评价和课程总评价三个评价的阶段，紧接着讲解了如何应用测评认证平台进行批量、快速、准确的评价。接下来将结合前两部分的内容详细讲解课程评价的四大主要应用场景。

图 5-2

序号	构件类型	标准工程量(千克)	工程量(千克)	偏差(%)	基准分	得分	得分分析
1	▼首层	1095.39	0	100	0.9523	0	未画图元/未套清单做法
2	010101001001	829.5	0	100	0.1587	0	未画图元/未套清单做法
3	010402001002	136.11	0	100	0.6349	0	未画图元/未套清单做法
4	010507001001	129.78	0	100	0.1587	0	未画图元/未套清单做法
5	▼第1层	3630.375	0	100	87.9363	66.0196	
6	010401006001	5.992	0	100	1.9048	0	未画图元/未套清单做法
7	010402001001	175.715	173.622	1.19	0.6349	0.6349	
8	010402001003	46.593	45.219	2.95	2.5397	2.5397	
9	010502001001	33.288	33.288	0	7.9365	7.9365	
10	010503002001	37.988	25.107	33.91	9.8413		计算误差过大
11	010504001002	16.134	17.013	5.45	3.8095	1.734	
12	010505001001	88.622	88.123	0.56	16.0317	16.0317	
13	010506001001	1.34	0	100	0.1587	0	未画图元/未套清单做法
14	010802003001	16.8	0	100	1.2698	0	未画图元/未套清单做法
15	010903002001	421.8	0	100	0.6349	0	未画图元/未套清单做法
16	011101001002	735.468	0	100	1.2698	0	未画图元/未套清单做法
17	011105001002	58.669	57.205	2.5	18.5714	18.5714	

图 5-3

① 任课教师授课时的过程性评价（随堂练习、课后作业）、结课性评价［认证考试（以证代考）、常规的测评考试］。

② 参加各类赛事的人员选拔，借助提供的各类试题、历届赛事的试题，对人员进行选拔，确定参赛人员；确定人员后，在系统中进行集训，带队教师可随时掌握参赛成员的练习情况。

③ 组织校内竞赛，应用广联达成熟的赛事竞技平台和职业技能标准体系、题库数据，举办校内竞技，以赛促学，提升学生的职业技能。广联达会提供全程的线上服务。

④ 学生的自我练习提升，测评认证平台提供丰富的试题库供学生练习，自动分析练习

数据（图 5-4、图 5-5），引导学生学习和练习，降低教师的精力投入。

主审工程	送审工程	主审工程量（kg）	送审工程量（kg）	量差（kg）	量差原因分析
∨整楼	整楼	271420.283	173002.990	98417.293	
∨基础层	基础层	42357.699	27915.440	14442.259	
∨绘图输入	绘图输入	42357.699	27915.440	14442.259	
＞柱	柱	5787.248	5607.904	179.344	

图 5-4

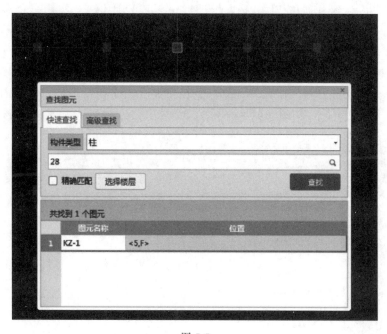

图 5-5

5.1.4　任务总结

① 过程性评价是指教师对学生的评价、学生的个人评价；结课性评价是指教师设定项目场景，考核学生实际动手能力；完整的课程总评价由过程性评价和结课性评价两部分组成，各自占不同的权重。

② 测评认证平台适用于教学过程中的随堂测试、课后作业、结课考试、各类赛事的人员选拔、备赛练习等场景，企业和培训机构也会用于人才招聘、内部人才选拔、培训考核等场景。

③ 基于当前的现状，广联达工程教育联合学校、相关企业推出测评认证平台，用于支

撑高校教学所需的快速课程评价，快速完成对每个学生的课程评价，根据成绩分析调控教学进度和讲解重点，进而提升学生的职业技能。

5.2 BIM工程计量测评应用实例

在本节中，将以教材配套专用宿舍楼为例进行讲解，其它工程的操作方法是与之类似的。通过本节的学习，可掌握创建试题、试卷及安排考试、组织实施考试的整个流程和方法。

5.2.1 创建一套专用宿舍楼试题

（1）任务说明

创建一套专用宿舍楼试题。

（2）任务分析

创建一套试题。

（3）任务实施

本节以广联达土建计量 GTJ2021 为例进行讲解，云计价 P6 实操题的创建流程是相同的。

① 准备工作：GTJ 标准工程、试题文档、电子图纸，具备上述资料后，只需两步，即可完成钢筋实操题的创建。

② 点击新建"土建计量实操题"，依次点击"新建实操题"下的"土建计量实操题"，弹出土建计量实操题页面，如图 5-6 所示。

图 5-6

③ 输入试题标题、试题内容、设置试题难易度及考核知识点、设置评分标准、上传附

件后保存发布即可，如图 5-7、图 5-8 所示。最后点击"保存"即可。

图 5-7

图 5-8

(4) 任务总结

① 创建试题时需要准备好试题内容、标准工程。

② 创建试题时，可以通过设置不同的得分范围和满分范围，控制试题的难易程度，范围设置的值越大，试题越简单，反之越难。

5.2.2 创建一套专用宿舍楼试卷

（1）任务说明

创建专用宿舍楼试卷。

（2）任务分析

在试题的基础上创建试卷。

（3）任务实施

只需两步，即可创建一份试卷。

① 点击试卷页面的"我要出试卷"按钮，如图5-9所示。

图 5-9

② 填写试卷各项信息，如图5-10所示。

图 5-10

依次完成以下操作（顺序不分先后）：

① 输出试卷名称：广联达 GTJ2021 专用宿舍楼试题；

② 填写第一大题名称：实操题；

③ 设置分值（实操题直接填写 100 分）；

④ 点击"从题库选择"下的"土建计量实操题"，弹出选择窗口；

⑤ 在选择钢筋实操题窗口，选择要使用的试题，并在确认窗口点击确认完成试题选择，如图 5-11 所示；

图 5-11

⑥ 以上各项完成后，点击"完成组卷"按钮即可。

（4）任务总结

创建试卷只需要两步：输入试卷基本信息、选择试题。

5.2.3　安排一场随堂练习

（1）任务说明

① 安排一场随堂练习。

② 查看学生考试状态和成绩。

③ 查看学生的评分报告。

（2）任务分析

① 如何安排一场随堂练习？如何增加学生？考试过程中如何增加学生？

② 从哪查看学生的作答状态？从哪查看学生的考试成绩？

③ 从哪查看学生的评分报告？

④ 学生如何参加教师安排的考试？

（3）任务实施

1）安排一场随堂练习　以教师身份登录测评认证平台后，只需以下几步，即可快速完成考试安排。

① 在考试管理页面，点击"安排考试"按钮，如图 5-12 所示。

② 填写考试基础信息（图 5-13）。

a. 填写考试名称：2019 级广联达钢筋结课考试；

b. 选择考试的开始时间与结束时间（系统自动计算考试时长）；

图 5-12

c. 点击"选择试卷"按钮选择试卷。

选择试题时，可从"我的试卷库"中选择，也可在"共享试卷库"选择，如图 5-14 所示。

③ 考试设置，如图 5-15 所示。

图 5-13

图 5-14

a. 添加考生信息，从群组选择中选择对应的班级学生；

b. 设置成绩查看权限：交卷后立即显示考试成绩；

c. 设置防作弊的级别；

d. 设置可进入考试的次数，留空为不限制次数；

e. 发布成功后，可在"未开始的考试"中查看，如图 5-16、图 5-17 所示。

安排考试时，考试的起止时间是可以跨天的，开始与结束时间之间的间隔没有限制。因此，只需按要实际情况设置开始和结束时间即可。

如果对防作弊和学生作答次数有要求，可以在权限设置及允许进入次数做相应的设置即可。

① 第一步，填写基本信息 ——— ② 第二步，权限设置

基本信息填写不全，请先暂存试卷，后续进行补充，考试的基本信息填写完整才能正式发布

▼ 基本权限

　　*考试参与方式：◉ 私有考试 ❓ ①

　　　　　　　　　 👥 7　 添加考生

▼ 高级权限

　　*成绩权限：◉ 可以查看成绩 ❓ ②　　　◉ 不可以查看成绩 ❓

　　　　　　　　☑ 交卷后立即显示考试成绩　　□ 允许考试结束后下载答案

　　*考试位置：◉ PC端 ❓　◉ WEB端 ❓

　　③ *防作弊：◉ 0级：不开启防作弊 ❓

　　　　　　　　◉ 1级：启用考试专用桌面 ❓

　　　　　　　　◉ 2级：启用考试专用桌面和文件夹 ❓

　　进入考试次数：[　　　] 次 ❓

图 5-15

图 5-16

图 5-17

2）参加教师安排的考试

① 安装实操题考试端。登录 http://kaoshi. glodonedu. com 下载并安装实操题考试端，如图 5-18 所示。

图 5-18

安装完成后，可在桌面看到如图 5-19 所示的快捷方式。

图 5-19

② 登录考试平台。用学生账号登录考试平台，如图 5-20 所示。

图 5-20

③ 参加考试。教师安排的考试，位于“待参加考试”页签，找到要参加的考试，点击“进入考试”即可，如图 5-21 所示。

图 5-21

3）考试过程跟进 考试过程中，点击考试右侧的"成绩分析"按钮，即可进入到学生作答监控页面，如图 5-22 所示。

图 5-22

在成绩分析页面，可以详细看到每位学生的作答状态，作答状态有未参加考试、未交卷、作答中、已交卷等。现对这四种状态分别说明。

① 未参加考试：考试开始后，学生从未进入过考试作答页面；

② 未交卷：考试开始后，学生进入过作答页面，没有交卷又退出考试了；

③ 作答中：当前学生正在作答页面；

④ 已交卷：学生进入过考试页面，并完成了至少 1 次交卷，当前学生不在作答页面。

考试结束后，可以在成绩分析页面查看考试的数据统计及每位考生的考试结果和成绩分析，如图 5-23 所示。

图 5-23

(4) 任务总结

① 用教师账号登录测评认证平台（网址为 http://kaoshi.glodonedu.com/）考试模块来安排考试。

② 用学生账号登录测评认证平台 PC 考试端，在待参加的考试模块参加教师安排的考试。

③ 教师可在网页端下考试的成绩分析页，查看学生的作答状态和成绩分析。

5.2.4 结课考试应用实例

(1) 任务说明

① 安排一场结课考试。

② 查看学生考试状态和成绩。

③ 查看学生的评分报告。

(2) 任务分析

如何安排结课考试？

(3) 任务实施

软件提供两种结课考试的服务：以证代考形式的结课考试（推荐）、常规测评形式的结课考试。

1) 安排一场以证代考的考试　为了更好地服务院校师生，为社会培养高技能人才，广联达联合院校企业推出一种结课与认证相结合的考试方式（以下简称"以证代考"），该形式辅助院校实现"信息化实训课程测评考试"的同时，可输出职业技能鉴定证书，协助实现学生"双证毕业""第三方评价"的需求。

院校采用以证代考具有以下优势。

① 考评的试题种类多、数量大，满足院校结课考试的需求；

② 可一键导出考试成绩、评分明细、学生作答的工程文件；

③ 院校可申请授牌，成为 GIAC 认证考试中心；

④ 参与教师可申报参加全国信息化教学奖项评选；

⑤ 广联达联合校企，为教师颁发教学成果奖励基金。

安排以证代考的流程如下。

① 用教师账号登录后，在认证管理页面，点击"创建认证考试"按钮，如图 5-24 所示。

图 5-24

② 填写认证考试信息，如图 5-25 所示。

a. 填写考试专业，如土建；

b. 填写考试科目，如广联达 BIM 土建计量；

c. 填写考试开始时间；

d. 填写考试容量，即填写本次考试的最大人数；

e. 填写考试地点。

图 5-25

③ 邀请学生报名。点击最下方的"提交审核"后，弹出如图 5-26 所示的提示窗口，可以将报名链接通过其它形式发送给学生，让学生报名本场考试。

除了上面邀请学生报名考试之外，还可以批量导入学生名单。

④ 填写本学期的课程信息，广联达会提供全程全套服务。

图 5-26

到此，就安排了一场以证代考的考试。

2）安排一场常规测评的考试

① 用教师账号登录后，在考试管理页面，点击"安排考试"按钮，如图 5-27。

图 5-27

② 填写考试基础信息，如图 5-28。

a. 填写考试名称；

b. 选择考试的开始时间与结束时间，建议考试时长控制在 2～3h；

c. 点击"选择试卷"按钮选择试卷。

图 5-28

③ 考试设置，如图 5-29。

a. 添加考生信息，从群组选择中选择对应的班级学生。

b. 设置成绩查看权限，可选择考试结束后可以查看或不可查看成绩。

c. 设置防作弊的级别为 2 级，可防止学生拷贝他人的工程。

d. 设置可进入考试的次数为 2 次，可给两次作答机会。

基本权限

　　　　*考试参与方式：◉ 私有考试 ❓

　　　　🧑 10人　　┃ 添加考生 ┃

高级权限

　　*成绩权限：◉ 可以查看成绩 ❓ ❶　　　○ 不可以查看成绩 ❓

　　　　　　☐ 交卷后立即显示考试成绩　　☐ 允许考试结束后下载答案

　　*考试位置：◉ PC端 ❓　○ WEB端 ❓

　　*防作弊：○ 0级：不开启防作弊 ❓

　　　　　　○ 1级：启用考试专用桌面 ❓

　　　　　　◉ 2级：启用考试专用桌面和文件夹 ❓ ❷

　　进入考试次数：┃ 2 ┃ 次 ❓

图 5-29

到此，点击"发布"命令，就安排了一场常规测评的考试。

（4）任务总结

① 发布完成一场以证代考的考试。

② 发布完成一场结课考试。

③ 通过设置成绩查看权限，满足不同场景的需要。

5.3　BIM 工程计价测评应用实例

BIM 工程计价创建试题和试卷的过程跟工程计量相同，相关流程可以参看相关内容。本节重点讲解计价考试的应用实例。

（1）任务说明

① 安排一场结课考试。

② 查看学生考试状态和成绩。

③ 查看学生的评分报告。

（2）任务分析

如何安排结课考试？

（3）任务实施

软件提供两种结课考试的服务：以证代考形式的结课考试（推荐）、常规测评形式的结课考试。

1）安排一场以证代考的考试　安排以证代考的流程如下。

① 用教师账号登录后，在认证管理页面，点击"创建认证考试"按钮，如图5-30所示。

② 填写认证考试信息，见图5-31。

a. 填写考试专业，如云计价；

b. 填写考试科目，如广联达云计价P6；

c. 填写考试开始时间；

d. 填写考试容量，即填写本次考试的最大人数；

e. 填写考试地点。

图 5-30

图 5-31

③ 邀请学生报名。点击最下方的"提交审核"后，弹出如图5-32所示的提示窗口，可以将报名链接通过其他形式发送给学生，让学生报名本场考试。

图 5-32

除了上面邀请学生报名考试之外，还可以批量导入学生名单。

④ 填写本学期的课程信息，广联达会提供全程全套服务。

到此，就安排了一场以证代考的考试。

2）安排一场常规测评的考试

① 用教师账号登录后，在考试管理页面，点击"安排考试"按钮，如图 5-33。

② 填写考试基础信息，如图 5-34。

a. 填写考试名称；

b. 选择考试的开始时间与结束时间，建议考试时长控制在 2～3h；

图 5-33

c. 点击"选择试卷"按钮选择试卷。

安排考试

① 第一步，填写基本信息 ——— **②** 第二步，权限设置

基本信息填写不全，请先暂存试卷，后续进行补充，考试的基本信息填写完整才能正式发布

*考试名称：　广联达云计价P5结课考试 **①**

*考试时间：　2020-01-02 09:00:00 📅　~　2020-01-02 11:30:00 📅 **②**

*考试时长(分钟)：　150

*试卷：　选择试卷　广联达云计价P5二级认证练习试卷203 **③**

暂存　　　下一步，权限设置

图 5-34

③ 考试设置，如图 5-35。

a. 添加考生信息，从群组选择中选择对应的班级学生。

b. 设置成绩查看权限，可选择考试结束后可以查看或不可查看成绩。

c. 设置防作弊的级别为 2 级，可防止学生拷贝他人的工程。

d. 设置可进入考试的次数为 2 次，可给两次作答机会。

到此，点击"发布"命令，就安排了一场常规测评的考试。

3）查看评分报告　考试结束后，教师可以在考试管理页面查看考试的参考率、参考人数、交卷人数及班级平均分、最高分、最低分及未交卷人数，并可以查看人员明细，如图 5-36 所示。

图 5-35

图 5-36

针对每位交卷的学生，可以查看详细的评分明细，查看各知识点的得分情况，如图 5-37。

（4）任务总结

① 发布完成一场以证代考的考试。

② 发布完成一场结课考试。

③ 通过设置成绩查看权限，满足不同场景的需要。

评分报告

序号	编号	名称	标准值	作答值	单位	标准分	得分	错误
1	▼ I	分部分项				80	80	
2	▼ A.1	土石方工程				16	16	
3	010101001002	平整场地	6.96	6.96	m2	4	4	
4	010101004002	挖基坑土方	17.74	17.74	m3	4	4	
5	010103001004	素土回填	30.91	30.91	m3	4	4	
6	010103001005	房心回填	45.98	45.98	m3	4	4	
7	▼ A.10	其他				0	0	
8	010507004006	室外坡道	49.78	49.78	m2	0	0	
9	010507004007	钢丝网	18.93	18.93	m2	0	0	
10	▼ A.4	二次结构及砌筑				16	15.9999	
11	010402001008	水泥空心连锁砌块墙	641.43	641.43	m3	2.6666	2.6666	
12	010402001009	砌块墙	649.54	649.54	m3	2.6666	2.6666	
13	010503004003	圈梁	609.95	609.95	m3	2.6666	2.6666	
14	010503005004	过梁	617.66	617.66	m3	2.6666	2.6666	
15	010502002003	构造柱	605.67	605.67	m3	2.6666	2.6666	
16	010503005005	窗台压顶	667.01	667.01	m3	2.6666	2.6666	
17	▼ A.5	混凝土及钢筋混凝土工程				16	16.0000	
18	010501001002	垫层	468.85	468.85	m3	0.7619	0.7619	
19	010501003001	独立基础	621.98	621.98	m3	0.7619	0.7619	
20	010502001004	矩形柱	645.42	645.42	m3	0.7619	0.7619	
21	010503002004	矩形梁	556.74	556.74	m3	0.7619	0.7619	
22	010505001004	有梁板	542.66	542.66	m3	0.7619	0.7619	

图 5-37

5.4　BIM 工程测评成果应用分析

BIM 工程测评成果应用分析是指在考试结束后，可以在考试后台查看学生的考试数据，便于进行数据分析和课程改进。本节将重点讲解数据查看及成绩分析的应用。

(1) 任务说明

① 查看学生的基础考试数据。

② 分析班级学生对课程的掌握情况。

③ 课程评价结果应用。

(2) 任务分析

① 从哪里查看考试数据？都可以看到哪些数据？

② 课程评价结果如何应用于教学改进？

(3) 任务实施

接下来，将详细讲解数据的查看位置及成绩分析的应用。

① 查看考试数据。在已完成的考试页，找到要查看的考试，点击右侧的"成绩分析"，就可以进入成绩分析页面，如图 5-38 所示。

图 5-38

在成绩分析页面，上方为考试的基础数据，下方为每位学生的成绩及评分报告。考试基础数据包含本场考试的参考率（考试人数/计划人数），考试成功率（交卷人数/参考人数），本场考试的平均分，本场考试的交卷人数、未交卷人数和未参加人数。

点击某个学生的查看评分，可以看到详细的评分报告。在评分报告中可以查看学生每个知识点的得分情况，如图 5-39～图 5-42。

图 5-39

图 5-40

② 查看班级的成绩分析。根据图 5-43 可以看出，材料暂估价、暂列金额、总承包服务费、总价措施的得分偏低，属于学生掌握的薄弱点，需要重点加强辅导。

根据图 5-44 可以分析每个知识点不同得分区间的人数占比，可快速掌握学生的掌握情况，分析薄弱环节，调整教学进度和讲解重点。

评分报告

序号	编号	名称	标准值	作答值	单位	标准分	得分	错漏
1	▼ I	分部分项				80	80	
2	▼ A.1	土石方工程				16	16	
3	010101001002	平整场地	6.96	6.96	m2	4	4	
4	010101004002	挖基坑土方	17.74	17.74	m3	4	4	
5	010103001004	素土回填	30.91	30.91	m3	4	4	
6	010103001005	房心回填	45.98	45.98	m3	4	4	
7	▼ A.10	其他				0	0	
8	010507004006	室外坡道	49.78	49.78	m2	0	0	
9	010507004007	钢丝网	18.93	18.93	m2	0	0	
10	▼ A.4	二次结构及砌筑				16	15.9999	
11	010402001008	水泥空心连锁砌块墙	641.43	641.43	m3	2.6666	2.6666	
12	010402001009	砌块墙	649.54	649.54	m3	2.6666	2.6666	
13	010503004003	圈梁	609.95	609.95	m3	2.6666	2.6666	
14	010503005004	过梁	617.66	617.66	m3	2.6666	2.6666	
15	010502002003	构造柱	605.67	605.67	m3	2.6666	2.6666	
16	010503005005	窗台压顶	667.01	667.01	m3	2.6666	2.6666	
17	▼ A.5	混凝土及钢筋混凝土工程				16	16.0000	
18	010501001002	垫层	468.85	468.85	m3	0.7619	0.7619	
19	010501003001	独立基础	621.98	621.98	m3	0.7619	0.7619	
20	010502001004	矩形柱	645.42	645.42	m3	0.7619	0.7619	
21	010503002004	矩形梁	556.74	556.74	m3	0.7619	0.7619	
22	010505001004	有梁板	542.66	542.66	m3	0.7619	0.7619	

图 5-41

图 5-42

(4) 任务总结

① 考试基础数据包含本场考试的参考率（考试人数/计划人数），考试成功率（交卷人数/参考人数），本场考试的平均分，本场考试的交卷人数、未交卷人数和未参加人数。

② 通过查看整场考试的成绩分析，可以知晓学生对于各知识点的掌握情况，哪些掌握

得比较好，哪些掌握得相对较差，就可以有针对性地对讲解的重点和课程进度进行调整，提升教学效果。

图 5-43

图 5-44

第6章

BIM造价应用综合实训

学习要求

1. 能系统地掌握建筑工程 BIM 造价应用"员工宿舍楼案例工程"的造价文件编制程序，熟悉其中建筑和装饰工程 BIM 计量计价的方法；

2. 能综合运用所学的工程造价基础理论知识、现行计量计价规则及相关的 BIM 软件操作技能，培养学生造价行业调查研究，收集资料，获取信息，分析、整理、归类的能力；

3. 培养学生严谨、求实、细心、耐心、协作的工作作风和工作态度；

4. 培养学生理性思维能力，树立本专业学生应具有的管理意识和全局观念。

（1）目的及意义

"BIM 造价应用综合实训"是工程造价专业在完成其专业课程学习之后的一次重要的实践性教学环节，是检验课堂理实一体化学习，锻炼学生的实践创新能力，提升学生综合素质的重要途径。通过实训，提高学生对 BIM 造价应用的能力，强化学生对工程造价专业知识的掌握，达到"巩固、深化和拓展所学知识，培养、锻炼学生运用所学知识解决工程实际问题的能力"的目的。

（2）内容及要求

1）实训内容　《BIM 造价综合实训》主要通过一个具体的案例工程项目，要求学生围绕该案例工程编制整套的招标文件，以此掌握招标文件的编制方法和编制技巧，通过综合实训使学生对 BIM 造价技能有一个全面的了解和掌握，为后期从事 BIM 造价相关工作奠定坚实的基础。

本次综合实训，根据《BIM 算量一图一练》中员工宿舍楼案例工程完成以下任务。

① 利用 BIM 计量平台，计算"员工宿舍楼案例工程"的土建部分工程量。

② 利用云计价平台，编制"员工宿舍楼案例工程"的土建部分工程量清单并编制投标报价。

本次综合实训，深度融合的主要课程有"建筑工程计量与计价""建筑工程 BIM 造价应用""建筑工程招投标与合同管理"等；实训的重点在于招标文件的编制，要求学生在初步掌握 BIM 造价系列软件的前提下，着重提升对基于实际案例工程的 BIM 计量、组价，并进行工料分析等 BIM 造价方面的实践能力。

2）成果要求　实训模式根据院校不同的需求，可以是每个学生独立提交成果，也可以是以团队小组的模式提交团队成果。在完成了工程量清单计价编制后，采取 A4 纸打印，需要打印的表格如下，打印装订好后，按时上交给指导老师。

工程量清单招标控制价实例的相关报表主要有以下几类。

① 招标控制价封面。

② 招标控制价扉页。

③ 总说明。

④ 单位工程招标控制价汇总表。

⑤ 分部分项工程和单价措施项目清单与计价表。

⑥ 综合单价分析表。

⑦ 总价措施项目清单与计价表。

⑧ 其它项目清单与计价表。

⑨ 暂估价材料计价与调整表。

⑩ 计日工表。

⑪ 规费与税金项目清单计价表。

⑫ 发包人提供材料和工程设备一览表。

3）时间安排　建议独立的集训实训一周；各位老师根据各院校的具体情况，可对实际进度做适当调整。

4）实训说明

① 实训场地：BIM 全过程造价实训室等。

② 所用设备：广联达 BIM 造价系列软件。

③ 消耗性器材：相关案例工程实训图纸。

（3）考核方式

强化学生自我管理，实施二级考核，具体考核评价人为实训小组的组长和实训指导老师。成绩比例构成：实训过程考核 20%，实训成果 40%，实训总结报告 40%。

过程考核具体考核依据：学生实训过程中的学习态度、考勤、实训任务完成进度；学生对所学专业理论知识的应用能力，独立思考问题和处理问题的能力；所完成建筑工程施工图预算内容的完整性及质量；各类计算报表运用格式是否规范，书写是否工整、清晰等。

过程考核实施具体由各小组长进行每天一考核，由实训指导负责人抽查审核，实训结束后，由实训指导负责人在各小组长考核的基础上结合实训教学中学生的总体表现，最终综合评定学生的过程考核评分，最后评定学生的实训成果和实训报告。

二级考核严格控制优良率，成绩呈正态分布。成绩分五等——优秀、良好、中等、及格和不及格，相关要求见表 6-1。

表 6-1　成绩要求

项目	分值	优秀 （100＞X≥90）	良好 （90＞X≥80）	中等 （80＞X≥70）	及格 （70＞X≥60）	不及格 （X＜60）
学习态度	20	学习态度认真，科学作风严谨，严格按照要求进度完成	学习态度比较认真，科学作风良好，能按规定期限完成	学习态度尚好，遵守纪律，基本保证进度，能按规定期限完成	学习态度尚可，基本上能遵守纪律，可以按规定期限完成	学习态度不端正，纪律涣散，不能按照进度要求和规定期限完成

项目	分值	优秀 (100＞X≥90)	良好 (90＞X≥80)	中等 (80＞X≥70)	及格 (70＞X≥60)	不及格 (X＜60)
技术水平 与实际能力	40	理论分析和计算正确，有很强的实际动手能力、造价软件应用能力	理论分析和计算比较正确，有较强的实际动手能力、造价软件应用能力	理论分析和计算基本正确，有一定的实际动手、造价软件应用能力	理论分析和计算无大错	理论分析和计算有原则性错误，实际动手能力、造价软件应用能力比较差
报告	40	分部分项工程项目符合规范要求，划分合理，无漏项，完整达到课程实训分量且内容正确，资料齐全	分部分项工程项目符合规范要求，划分较合理，个别漏项，完整达到课程实训分量且内容正确，资料齐全	分部分项工程项目划分符合规范要求，漏项较少，完整达到课程实训分量且内容较正确，资料齐全	分部分项工程项目划分符合规范要求，漏项较多，完整达到课程实训分量，资料齐全	分部分项工程项目划分不符合规范要求，课程实训报告资料不全

（4）参考资料

① 《建设工程工程量清单计价规范》（GB 50500—2013）；

② 《中华人民共和国招投标法》；

③ 各省的定额规则；

④ BIM 系列软件下载及学习交流 QQ 群（详见前言说明）。

（5）附件

① 投标报价参考格式；

② 员工宿舍楼案例工程图纸。

以上附件详见配套的课程电子资源包，索取方式详见前言说明。

第7章

BIM模型造价应用实例

7.1 BIM 模型造价应用概述

7.1.1 BIM 模型造价应用流程

本章节以专用宿舍楼案例为例，围绕 BIM 造价应用进行案例精讲，贯穿设计阶段、招投标阶段、施工阶段实现一体化造价应用。首先在设计阶段利用 Revit 软件进行建筑模型的创建，在招投标阶段通过 BIM 模型交互导入 GJT2021 算量软件，进行清单做法的套取，导入云计价平台进行合同报价的计算。最终将模型文件、合同报价文件导入 BIM5D 管理平台，实现造价管理应用，如图 7-1 所示。

图 7-1

7.1.2 BIM 建模规范要求

Revit 建模规范包括构件规范与绘图规范两类。其中设计与算量模型的属性差异由构件规范决定，设计与算量模型的绘图位置差异由绘图规范决定。为满足 BIM 模型贯穿设计、招投标、造价管理一体化应用，需在前期建模时按照以下要求进行。

7.1.2.1 建模方式基本规定

（1）建模方式

① 尽量不在 Revit 中使用体量建模和内建模型方法建模。

常见问题：复杂内建模型导入 GTJ 模型出现丢失。

解决方式：对于板的加腋，可以在 Revit 中通过编辑"梁"族等变通建立。对于柱帽类构件，可以在 Revit 中通过编辑"桩承台"族等变通建立。

② 不推荐使用草图编辑。

常见问题：墙/板通过复杂的草图编辑导入 GTJ 模型中丢失。

解决方式：对于墙/板通过草图编辑进行开洞者，建议通过墙/板洞变通处理；对于墙/板通过草图编辑进行绘制多个墙/板者，建议分别绘制单个墙/板处理。

③ 常规模型仅可以绘制集水坑、基础垫层、挑檐、台阶、散水、压顶、踢脚线。

常见问题：不属于上述范围的构件用常规模型绘制后，在构件转换页面未映射。

解决方式：用命名规范中的族代替绘制，如将阳台栏板改用墙替代绘制，名字中含"栏板"即可。

（2）原点定位

为了更好地进行协同工作和碰撞检测工作以及实现模型向下游有效传递，各专业在建模前，应统一规定原点位置并共同严格遵守。

常见问题：Revit 里面"项目基点"没有对应到模型上；导入 GTJ 模型以后，轴网位置发生偏移，模型不在或者只有部分在轴网上。

解决方式：将 Revit"项目基点"对应到 Revit 模型左下角交点即可。

（3）构件命名

建模构件命名，应符合构件命名规范，具体的构件命名规范参考广联达建模规范即可。

（4）按层绘制图元

建模过程中，尽量按照构件归属楼层，分层定义、绘制各楼层的构件图。在 GFC 中有功能可以分割跨层图元；但对于导入 GJT 模型为不规则体的跨层图元则无法分割。为养成良好的建模习惯，建议分层定义及绘制各层构件图元。

（5）链接 Revit

外部链接的文件必须绑定到主文件后才能导出。

常见问题：建筑模型在链接的结构模型上绘制，且此连接文件未绑定，导入 GTJ 模型后依附附属链接文件的图元无法导入。

解决方式：将链接的文件绑定。

（6）楼层定义

按照实际项目的楼层，分别定义楼层及其所在标高或层高，所有参照标高使用统一的标高体系；当标高线的属性中既勾选过"结构"又勾选过"建筑楼层"，则在"导出 GFC"下的"楼层转化"窗口中会出现过滤选择项"结构标高/建筑标高"，可进行过滤选择。

7.1.2.2　构件命名规范

Revit 族类型名称命名规则如下：专业（A/S）-名称/尺寸-混凝土标号/砌体强度-GTJ 构件类型字样，例如 S-厚 800-C40P10-筏板基础。其中，A 代表建筑专业，S 代表结构专业；"名称/尺寸"需填写构件名称或者构件尺寸（如：厚 800）；"混凝土标号/砌体强度"需填写混凝土或者砖砌体的强度标号（如：C40）；"GTJ 构件类型字样"详见表 7-1 相应内容。

① 构件命名规则：统一两个软件的构件划分，完成构件转化。

② GTJ 构件类型字样：完成构件不同类型的映射。

③ 名称/尺寸及混凝土标号/砌体强度：完成同类构件不同公有属性的映射。

表 7-1　GTJ 构件类型字样规定

GTJ 构件类型	对应 Revit 族名称	Revit 族类型		Revit 族类型样例
		必须包含字样	禁止出现字样	
筏板基础	结构基础/基础底板/楼板	筏板基础		S-厚 800-C35P10-筏板基础
条形基础	条形基础/结构基础/结构框架			S-TJ1-C35
独立基础	独立基础/结构基础		承台/桩	S-DJ1-C30
基础梁	梁族	基础梁		S-DL1-C35-基础梁
垫层	结构板/基础底板/结构基础	××垫层		S-厚 150-C15-垫层
集水坑	结构基础/常规模型	××集水坑		S-J1-C35-集水坑
桩承台	结构基础/独立基础	桩承台		S-CT1-C35-桩承台
桩	结构柱/独立基础	××桩		S-Z1-C35-桩
现浇板	结构板/建筑板/楼板边缘		垫层/桩承台/散水/台阶/挑檐/雨篷/屋面/坡道/天棚/楼地面	S-厚 150-C35S-PTB150-C35S-TB150-C35
柱	结构柱		桩/构造柱	S-KZ1-C35
构造柱	结构柱	构造柱		S-GZ1-C20-构造柱
柱帽	结构柱/结构连接	柱帽		S-ZM1-C35-柱帽
墙	墙/面墙	弧形墙/直形墙	保温墙/栏板/压顶/墙面/保温层/踢脚	S-厚 400-C35-直形墙
梁	梁族		连梁/圈梁/过梁/基础梁/压顶/栏板	S-KL1-C35
连梁	梁族	连梁	圈梁/过梁/基础梁/压顶/栏板	S-LL1-C35-连梁
圈梁	梁族	圈梁	连梁/过梁/基础梁/压顶/栏板	S-QL1-C20-圈梁
过梁	梁族	过梁	连梁/基础梁/压顶/栏板	S-GL1-C20-过梁
门	门族			M1522
窗	窗族			C1520
飘窗	凸窗/窗族 注：子类别按飘窗组成分别设置，如玻璃窗-带形窗、窗台-飘窗板			
飘窗	飘窗/PC-1			
楼梯	楼梯	直形楼梯/旋转楼梯		LT1-直形楼梯
坡道	坡道/楼板	××坡道		S-C35-坡道
幕墙	幕墙			A-MQ1
雨篷	楼板	雨篷或雨棚	垫层/桩承台/散水/台阶/挑檐/屋面/坡道/天棚/楼地面	A-YP1-C30-雨篷
散水	楼板/公制常规模型	××散水		A-SS1-C20-散水
台阶	楼板/楼板边缘/公制常规模型/基于板的公制常规模型	××台阶		A-TAIJ1-C20-台阶
挑檐	楼板边缘/楼板/公制常规模型/檐沟	××挑檐		A-TY1-C20-挑檐

GTJ 构件类型	对应 Revit 族名称	Revit 族类型		Revit 族类型样例
		必须包含字样	禁止出现字样	
栏板	墙/梁/公制常规模型	××栏板		A-LB1-C20-栏板
压顶	墙/梁/公制常规模型	××压顶		A-YD-C20-压顶
墙面	墙面层/墙	墙面/面层		灰白色花岗石墙面
墙裙	墙饰条	墙裙		水磨石墙裙
踢脚	墙饰条/墙/常规模型	踢脚		水泥踢脚
楼地面	楼板面层/楼板	楼地面/楼面/地面		花岗石楼面
墙洞	直墙矩形洞/弧墙矩形洞/墙中内环			S-QD1
板洞	普通板内环/屋顶内环未布置窗/屋顶洞口剪切/楼板洞口剪切			S-BD1
天棚	楼板面层/楼板	天棚		纸面石膏板天棚
吊顶	天花板	吊顶		石膏板吊顶

对于上表中，当族类型名称没有按照命名规范命名时，可以通过批量修改族名称，对族名称批量进行修改；当族类型名称中包含禁止出现的字样的，则在导出 GFC 时匹配为禁止出现字样对应的构件类型，这时建议先将族类型名称按照规范修改正确，当族类型名称中未包含必须包含的字样的，则在导出 GFC 时默认匹配关系会有误，这时可以通过"导出GFC"下的"构件转化"，手动匹配来修改对应关系，但仍建议将族类型名称按照规范修改正确。

对于族类型名称有自己公司一套命名体系的，可以通过"导出 GFC"下的"构件转化"中修改构件转化规则，重新匹配对应关系。

7.1.2.3 图元绘制规范

① 同一种类构件不应重叠绘制时应注意：墙与墙不应平行相交；梁与梁不应平行相交；板与板不应相交；柱与柱不应相交。

对于不同类型的构件，相交无影响，如梁与柱相交，柱与板相交等；对于墙与墙、梁与梁平行相交，见图 7-2（a）、（b），均为重叠情况；对于墙与墙、梁与梁垂直相交，见图 7-2（c），此类情况可以存在。

（a）　　　　　　　　　　　（b）　　　　　　　　　　（c）

图 7-2

常见问题一：用墙或板绘制墙或板的装修时，极易重叠相交，如不修改模型，则不能顺利导入 GTJ 模型，会出现导入的进度条一直停留在导入后处理界面。

问题一解决方式：

a. 绘制时注意利用捕捉、细线模式等功能精确绘制。

b. 对于在主体上绘制装修的，建议在结构编辑里增加材质方式。

c. 利用模型检查功能检查、定位及修改重叠部分图元。

常见问题二：Revit 中的不同高度垂直相交的墙未做不连接处理，导入 GTJ 模型后墙易异形。

问题二解决方式：在 Revit 中选中墙，右键，选择不允许连接。

② 封闭性线性图元（墙、梁等）只有中心线相交，才是相交，否则算量软件中都视为没有相交，无法自动执行算量扣减规则。

常见问题：梁未绘制到柱中心，导致板为不规则体，不规则体无法正确计算体积和模板面积等。

解决方式：梁绘制到柱中心。

③ 依附构件和附属构件必须绘制在它们所附属和依附的构件上，否则会因为找不到父图元而无法计算工程量。

GTJ 中依附构件有墙面、墙裙、踢脚、保温层（依附于墙）、天棚（依附于板）、独立柱装修（依附于柱）；GTJ 中附属构件为门窗洞（依附于墙）、板洞（依附于板）、过梁（附属于门窗洞）。

常见问题：子图元找不到父图元。

原因分析：

a. 主体装修和主体不在一个 Revit 项目文件里。

b. 装修和主体在一个文件中，但主体是链接文件且未绑定。

c. 子图元超出父图元，如当门窗框宽度超出墙结构层（注意仅仅是结构层）厚度时。

解决方式：

a. 把装修和主体文件链接绑定，且装修层和主体层不能相离或相交。

b. 将主体链接文件绑定，之后再进行导出。

c. 通过模型检查可以对其定位及修改。

④ Revit 的草图编辑非常灵活，在某些情况下构件导出后会出现丢失或者为不规则体情况。

常见问题：对于墙/板用编辑轮廓开洞口的，导入 GTJ 后板为不规则体。

解决方式：建议使用洞口功能对墙/板开洞。

⑤ 绘制图元时，应使用捕捉功能并捕捉到相应的轴线交点或者相交构件的相交点或相交面处，严禁人为判断相交点或相交面位置，以免视觉误差导致图元位置有所偏差，造成工程量错误。对此可以利用细线模式进行捕捉。

⑥ 板顶、板底（或者附着屋顶）平板和直墙相交时，墙顶部、底部不需要进行附着操作；斜板和墙相交时，需要顶部、底部附着，导出为不规则墙不能编辑。

为避免此类问题，在斜板和墙相交时，可以在 Revit 中取消顶部、底部附着，导入后在 GTJ 中执行"平齐板顶"功能，这样导入的墙属性可编辑。

7.2　BIM 模型应用实例

7.2.1　BIM 设计模型交互实例

本节以专用宿舍楼案例为例，读者根据前述章节所学内容，自行完成专用宿舍楼的 Revit 模型创建，根据交互规范，导出 GFC 模型文件，为 BIM 招投标应用提供基础模型数据。

7.2.1.1　任务说明

打开专用宿舍楼 Revit 模型，导出专用宿舍楼 GFC 交互文件。

7.2.1.2　任务分析

要进行 BIM 应用导出 GFC 的操作，需要安装 Revit to GFC 的插件，并申请广联云账号。通过在 Revit 中的广联达 BIM 算量选项卡中，通过工程设置、导出全部图元、模型检查及构件显隐等功能，输出 GFC 模型。

7.2.1.3　任务实施

首先打开专用宿舍楼 Revit 模型，进入广联达 BIM 算量选项卡，登录广联云账号，进行工程设置，如图 7-3。

分别对工程概况、楼层转化、构件转化、构件楼层归属进行设置，根据项目概况及图纸要求，进行调整，如图 7-4。

图 7-3

图 7-4

工程设置完成后，点击导出全部图元，选择需要导出的楼层及构件，如图 7-5。

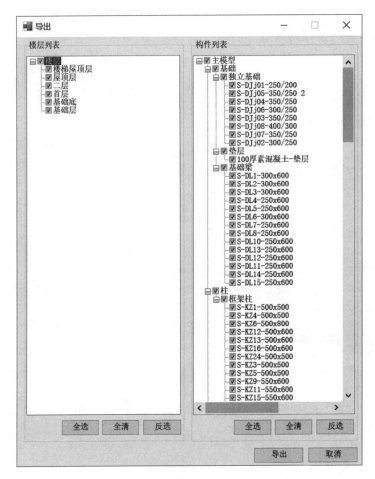

图 7-5

选择导出路径，保存 gfc2 的交互模型，如图 7-6。

图 7-6

7.2.1.4　归纳总结

BIM 模型在设计阶段的交互应用主要分为以下步骤。

① 需要申请广联云账号及安装交互插件。

② 进行交互设置，导出全部图元。

③ 导入 Revit 交互文件（GFC），实现设计模型在造价计量中的应用。

7.2.2　BIM 算量模型交互实例

本章节以专用宿舍楼案例为例，读者根据前述章节导出 GFC 模型文件，将其导入 GTJ

土建计量平台，避免二次建模，利用设计模型交互后，直接套取清单定额做法，输出工程量。

7.2.2.1　任务说明

将专用宿舍楼的 GFC 模型导入 GTJ2021 土建计量平台，完成模型交互，套取清单定额，输出工程量，并导出 IGMS 格式的交互模型，为 BIM5D 的模型数据提供依据。

7.2.2.2　任务分析

首先安装 GTJ tO IGMS 的交互插件，将专用宿舍楼的 GFC 模型导入 GTJ2018 土建计量平台，进行导入设置，根据工程概况及施工图纸要求，套取清单及定额做法，输出清单工程量及定额工程量，导出 IGMS 文件。

7.2.2.3　任务实施

打开 GTJ2021 平台，新建工程，设置工程名称及各项规则，如图 7-7。

图 7-7

点击主菜单按钮，选择导入 GFC 模型，导入专用宿舍楼的 gfc2 模型，如图 7-8。

图 7-8

设置 GFC 文件导入向导，选择导入楼层及构件，设置导入规则，如图 7-9。

图 7-9

导入完成，如图 7-10 所示。

图 7-10

对导入的专用宿舍楼模型的每个构件，套取清单及定额做法。以柱构件为例，打开构件列表，选择构件做法界面，查询匹配清单及匹配定额，根据工程图纸及地区规则，选择相应的清单项和定额子目，同时录入项目特征，选择匹配的表达式，见图 7-11。

图 7-11

完成所有构件的清单及定额套取后，点击工程量页签，进行汇总计算，可通过查看报表，导出相应需求的工程量报表，如图 7-12、图 7-13。

图 7-12

通过点击 IGMS 页签，导出 IGMS 模型，如图 7-14。

图 7-13

图 7-14

点击保存按钮，保存 GTJ 模型。

7.2.2.4 归纳总结

BIM 模型在招投标阶段的交互及应用主要分为以下步骤。

① 安装交互插件。

② 进行交互设置，导入 GFC 模型。

③ 套取清单定额子目，计算工程量，输出报表。

④ 导出 IGMS 模型。

7.2.3 BIM 模型导入计价平台实例

本节以专用宿舍楼案例为例，读者根据前述章节完成的 GTJ 模型，将其导入云计价平台，进行人材机调整，输出合同报价文件。

7.2.3.1 任务说明

将专用宿舍楼的 GTJ 模型导入云计价平台，进行人材机调整，输出合同报价。

7.2.3.2 任务分析

新建招投标项目，将输出的 GTJ 模型直接导入 GCCP6.0 平台，进行人材机调整及各项设定，输出合同报价文件。

7.2.3.3　任务实施

打开云计价平台，选择离线使用。新建招投标项目，选择需要的地区，如图 7-15。

图 7-15

新建招投项目，输入设定信息，包括项目名称、地区标准及定额标准等，如图 7-16。

图 7-16

新建单位工程，设置相关信息。包括清单库、清单专业、定额库和定额专业等，设置完成后，点击完成即可，如图 7-17、图 7-18。

图 7-17

图 7-18

进入单位工程项目后，点击导入单位工程，选择专用宿舍楼的 GTJ 模型文件，如图 7-19。

图 7-19

识别出清单及定额项目，选择相应内容，进行导入，如图 7-20、图 7-21。

图 7-20

图 7-21

导入完成后，进入人材机汇总界面，可以设置各项人工、材料及机械的市场价信息，可根据实际情况询价载价，进行价格调整，如图7-22。

图 7-22

调整完成后，保存报价文件，命名为"专用宿舍楼"，如图7-23。

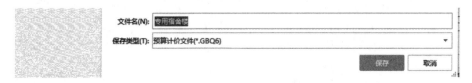

图 7-23

7.2.3.4 归纳总结

BIM 模型在招投标阶段的清单定额交互主要分为以下步骤。

① 新建招投标文件。

② 导入算量模型。

③ 修改市场价信息。

④ 保存导出报价文件。

7.2.4 BIM5D 造价应用实例

本章节以专用宿舍楼案例为例，读者根据前述章节完成的 GTJ 模型及报价文件，导入BIM5D 平台，进行造价应用。

7.2.4.1 任务说明

将专用宿舍楼的 GTJ 模型及报价文件导入 BIM5D 平台，进行清单匹配关联，完成清单工程量造价信息的多维度提取。

7.2.4.2 任务分析

新建 BIM5D 项目，导入实体模型及合同预算，进行清单匹配，按照高级工程量各维度提取工程量及造价信息。

7.2.4.3　任务实施

打开 BIM5D，新建工程案例，设置工程名称和工程路径，如图 7-24。

图 7-24

在数据导入模块，选择模型导入，在实体模型位置处，添加模型，导入专用宿舍楼的 IGMS 模型，如图 7-25。

图 7-25

在数据导入模块，选择预算导入，在合同预算位置处，添加预算书，导入合同报价文件，如图 7-26。

图 7-26

点击清单匹配，在预算清单处选择导入的合同报价文件，进行自动匹配，选择清单类型，设置匹配规则进行匹配，如图 7-27。

图 7-27

匹配完成后，进入模型视图。选择楼层和专业构件类型，点击高级工程量查询功能，如图 7-28。

图 7-28

使用高级工程量查询按钮，可以按照时间、楼层、流水段、构件类型查询工程量。以查询首层的所有构件为例，点击查询图元，汇总工程量，如图 7-29。

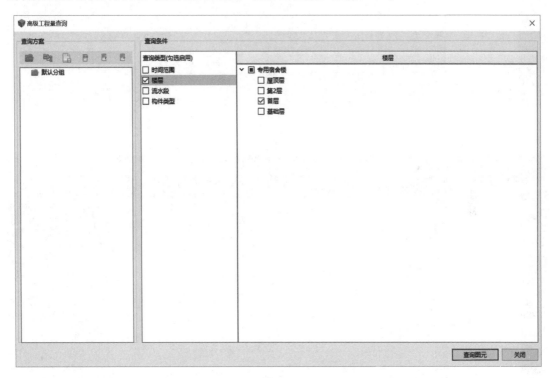

图 7-29

选择构件工程量，可以查看各项不同工程量类型的构件量；选择清单工程量，可以查看各条清单及子目的清单和定额量，还可以查看综合单价及总价合计信息。根据需求，导出 Excel 表格信息，如图 7-30、图 7-31。

7.2.4.4　归纳总结

BIM5D 造价管理应用主要分为以下步骤。

① 新建 BIM5D 文件。

② 导入 BIM 模型。

③ 导入合同报价文件。

④ 按照各项维度需求提取工程量及造价信息。

图 7-30

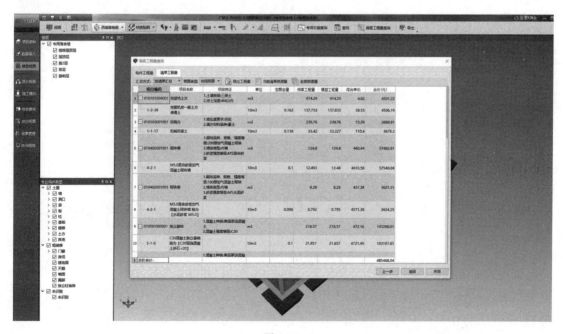

图 7-31

参考文献

[1] 朱溢镕，黄丽华，赵冬．BIM 算量一图一练．北京：化学工业出版社，2018.

[2] 朱溢镕，焦明明．BIM 建模基础与应用．北京：化学工业出版社，2018.

[3] 朱溢镕，阎俊爱，韩红霞．建筑工程计量与计价．北京：化学工业出版社，2018.

[4] GB 50500—2013.

[5] GB 50854—2013.

[6] 山东省住房和城乡建设厅．山东省建筑工程消耗量定额（SD01-31—2016）．北京：中国计划出版社，2016.